JN007239

Dr. Bonoの
生命科学
データ解析
第2版

坊農秀雅 著

広島大学大学院統合生命科学研究科 特任教授

メディカル・サイエンス・インターナショナル

The Lectures on Biological Data Analysis
Second Edition
by Hidemasa Bono

©2021 by Medical Sciences International, Ltd., Tokyo
All rights reserved.
ISBN 978-4-8157-3011-6

Printed and Bound in Japan

0 改訂にあたって

「バイオインフォマティクスを教えてください」

　そう言われて，私(Dr.Bono)は，2020年4月にこれまでの大学共同利用機関の特任研究員から，広島大学大学院統合生命科学研究科の特任教員に転職した。『Dr. Bonoの生命科学データ解析』(Bono本)を含めて，バイオインフォマティクスに関する執筆活動を評価していただいたからであろう。2020年度から「バイオインフォマティクス」を大学院生向け(卓越大学院プログラム)に講義担当することになった。

　2020年はこれまでにないコロナ禍ということもあって，その講義はオンデマンド形式となった。初めて講義をする立場からすると，教わる側の反応を見ながら教えることができないという苦難の日々だった。その状況下で，2017年に出版したBono本が道しるべとなって講義準備を進めることができたのは幸いだった。終わってみれば全15回で合計19時間16分8秒，スライド数にして491枚の講義となった。授業を受ける側からすると，すぐに質問できないなどのデメリットもあったと思う。それでも，オンデマンドで繰り返し聴講することが可能な上に，講義の内容に即した教科書としてBono本が手元にあって，教わる側も，より理解を深められたのではないだろうか。

　しかし，講義を一通り終えてみると，そのBono本が，出版から3年あまりを経て最新の情報でなくなっていることをなんとかしたいと思うようになった。最近のウェブサイトの常時SSL化(HTTPS化)に伴い，本に書いてあるURLではアクセスできなくなっているものも増え，また何より，3年の月日を経て次世代シークエンサーからの塩基配列データベース(SRA)は総塩基数が一桁変わってしまっている状況となっているからだ。

　そこで，アップデート情報をどこかで公開することを考えもしたが，自分で執筆した本である。改訂版を出せないかと出版社に問い合わせたところ，歓迎していただき，このたびの改訂版の出版の運びとなった。

　改訂版とはいうものの，章の構成はそれほど大きく変わっていない。しかし，細部まで見直して2020年代の現在でもそれが正しい記述であるか，またそれが利用可能であるか，その検討を行った。また，Bono本は教科書なので，コマンドライン操作などは当初から簡略に書いてあり，今回の改訂でもそこは特に変えなかった。しかし，Linux コマンドラインが Windows Subsystems for Linux 2（WSL2）によって Windows10 上でも利用可能となり，今後普及していきそうなことから，macOS 以外の環境での利用にも配慮するように書き直してある。また，コマンドラインを使った実践的な内容に関しては，Bono本より後の2019年9月に出版された姉妹編の『生命科学者のためのDr. Bonoデータ解析実践道場』（道場本）への参照情報をふんだんに追記した。本書を起点により深く学んでいただければと思う。

twitter のハッシュタグは
#drbonobon

2021年3月　坊農秀雅

初版の序文

「バイオインフォマティクスを教えてください」

10年以上の長きにわたり聞き古された言葉である。かつては塩基配列やアミノ酸配列の解析，マイクロアレイデータ解析を，昨今では次世代シークエンサーから得られた配列解析を念頭に置いた依頼のようである。いずれにしても，'バイオな' データ解析に関して知りたい，ということだろう。

10年前であれば，「それなら『バイオインフォマティクス第2版』(Mount本)を読んでね」と言えば，それですんだ。Mount本には，マイクロアレイデータ解析に関してはさわりの部分しか解説がなかったとはいえ，分子生物学における『細胞の分子生物学(Molecular Biology of the Cell)』(ニュートンプレス)のように，当時必要なことは教科書として丁寧に書かれていた。その後の10年間の技術革新はめざましく，マイクロアレイ全盛の時代を早くも過ぎて，次世代シークエンサーによる塩基配列データがあふれる時代となった。しかしながら，時代に沿う形で生命科学者向けにバイオインフォマティクスの，あるいはデータ解析の教科書が出版されることはなかった。頼みのMount本も改訂されず，ついには日本語版も絶版になってしまったのだ。

そこで，多くの生命科学者が日常的に必要としている**配列データ解析に焦点を合わせ**，Mount本の出版から15年ほどの間に進んだ歴史と，ムーアの法則を上回るとてつもない勢いで蓄積したデータの再利用(すなわちデータベースの活用)に対する考え方をも含めて，教科書的にまとめてみようと思い立った。2010年代の今は，データ解析がかつてのバイオインフォマティクス研究者だけのものではなくなった。**生命科学者自身がデータ解析する時代**であり，すなわち，誰もがバイオインフォマティシャンの時代であると言えよう。そういう生命科学者向けの教科書となるよう，本書を企画した。

　まず，基本的な技術の説明だけではわかりづらいので，**それがどう最新の**
データ解析に結びついているか，その応用実例を紹介することを意識した。
それには，日々書きためてきた自分のブログ(http://bonohu.jp/blog/)が
参考になった。かつて出版した本，『次世代シークエンサー DRY 解析教本』
(学研メディカル秀潤社，2015 年)のように技術的な内容を前面に出した実
践ハウツー本ではなく，体系的に学べて頭の中が整理されるような「教科書」
となるよう心がけている。

　本書は，大学院医学研究科や生命科学系大学院で学ぼうとする学生や，生
命科学のデータ解析を知りたいポスドクを主な読者層と想定している。著者は
文部科学省統合データベースプロジェクトのもと，ライフサイエンス統合デー
タベースセンター(DBCLS)にて，2007 年より統合データベース講習会
AJACS (All Japan Annotator, Curator and System DB administrator)の
開催に携わっており，日本全国を講習会でキャラバンして回った経験と，共
同研究から得た教訓を本書に詰め込んである。

　しかし，領域の広さ，内容の豊富さ，記載事項の優先度などから，本書で
は記載の**網羅性を犠牲**にせざるを得なかった部分がある(第 3 章の UNIX コマ
ンドラインの説明など)。読者の理解には本書のみでは不十分な場合があるか
もしれない。そのとさ，**わからないことは自分でググって(インターネット検**
索して)補う，その作業は必要不可欠である。また，出版されてしばらく経つ
と書いてあることも古くなる。インターネット検索などにより，自ら補って
いってほしい。

　読了したときに，ある程度頭の中が整理され，断片的な知識がつながって
きてくれることを願っている。ある程度知識を付けたら，あとは実践あるのみ
である。どんどんデータ解析して，論文なりプレプリントサーバー(bioRxiv)
なり，どんどん書いていってほしい。そして，多くの研究者と議論して欲しい。
dis られることを恐れてはいけない。間違っていたら，正していけばいいだけ
である。**書きとどめよ 議論したことは風の中に吹き飛ばしてはいけない。**本
書がそのきっかけになれば幸いである。

　最後に，本書の執筆にあたり，嫌がらずに議論にのってきてくれた同じ職
場の仲里猛留氏に感謝する。生命科学研究を実際に現場で進めている共同研
究者たち，天竺桂弘子氏(東京農工大学大学院農学研究院)，広田喜一氏(関西

医科大学附属生命医学研究所），三浦恭子氏(北海道大学遺伝子病制御研究所），との腹を割った議論が，本書を書く原動力となったことは，ご想像いただけよう。また，統合データベース講習会AJACS受講生の皆さんとのオフラインの交流や，本名も知らないが科学を愛するという共通項をもった多くのツイッタラー (twitterer)の皆さんのつぶやきも，考えるきっかけとして本書執筆に大きく貢献しているのは間違いない。ありがとうございました。

　知識を身につけた読者のみなさんと議論する未来を夢見て。

2017年9月　坊農秀雅

本書の使い方

　本書は，通読ももちろん可能だし，第2章以降はリファレンスとして知りたい項目のみの利用も可能である。各章の概要は，以下の通りとなっている。

- 第1章は，生命科学技術の発展とそれに伴うデータの生産，そしてそれらの解析手法開発の歴史をまとめた。
- 第2章は，公共データベースを解説する。利用可能なデータベースがインターネット上にあふれるなかで，実際にどういうものがよく使われているかを示した。
- 第3章は，データを扱う基本技術と，それらの形式(フォーマット)を扱う。特に，UNIXコマンドラインの使い方に関してその導入を詳しく記した。
- 第4章は，生命科学における基本的なデータ解析として，配列データと数値データを解説する。配列データに関しては，生命科学のデータ解析に特有なアラインメントを中心に記述し，数値データに関しては，階層クラスタリングと主成分分析を特に記述する。
- 第5章では，ここまでの第2章の利用可能なデータベースの知識，第3章のデータ扱いの基本技術，第4章のデータ解析技術をもとにした，実用データ解析である。個別のデータ解析手法に関しては刻々とアップデートされていく分野ではあるが，生命科学の諸問題に立ち向かう基本的な考え方は変わらない。そのデータ解析戦略を示した。

概要目次

目次

4章　基本データ解析　　123

コラム目次

1 生命科学データ解析の歴史

　データ解析とは，測定したデータに対して（多くの場合コンピュータを用いて）統計的な処理を施して，データの解釈に役立てる一連の操作のことをいう。生命科学の分野においては，これを「バイオインフォマティクス」，あるいは単に「インフォマティクス」と呼ぶこともある。データ解析の必要性は近年ますます高まっており，注目されるようになってきている。では，生命科学研究におけるデータ解析の重要性はどこにあるのか，なぜ今必要とされているのか，求められているデータ解析とは何なのか。それらを理解するには，まずその歴史を知る必要がある。第 1 章では，現代における「データ」の特徴について概観したあと，データ解析の歴史を振り返る。

1.1　なぜ今，データ解析か？

　データ解析は生命科学分野ばかりでなく，いろいろな研究分野で必要とされている。それを専門とするデータサイエンティストの需要は多く，引っ張りだこだ。そういうわけで，データ解析のできる人材が生命科学分野だけにとどまってくれるわけではない。したがって，生命科学者自らがデータ解析に取り組む必要が生じてくるのだ。そして自らデータ解析に取り組むと，ビッグデータという言葉に出会うだろう。ビッグデータとはなにか，その話からまず始めたい。

ビッグデータとは？

　ビッグデータという言葉を日本語版 Wikipedia で調べてみると，「市販さ

れているデータベース管理ツールや従来のデータ処理アプリケーションで処理することが困難なほど**巨大で複雑なデータ集合の集積物**を表す用語」となる。「ビッグデータ」がどの程度「ビッグ」なのかということについては，そのサイズに具体的な大きさが規定されているわけではなく，「巨大で複雑」といういあまいな基準があるだけなのである。

生命科学分野のビッグデータの特徴

　生命科学の分野においても，測定機器のハイスループット化に伴って，産生されるデータのサイズや量が巨大化してきている。その結果，Microsoft Office などの市販の汎用プログラムでは扱えないレベルの大規模のデータ，すなわちビッグデータの範疇に入るものが増えてきた。

　一口に生命科学データといっても多種多様で，生の塩基配列データから電気泳動ゲル写真のイメージファイルなどまでいろいろなタイプのものが存在する。だが，ソーシャル・ネットワーキング・サービス（Social Networking Service：SNS）から得られるメッセージなどのデータと比べると，それらとの違いから，生命科学データの特徴がはっきりしてくる（表1.1）。すなわち，生命科学データは，**1つのファイルあたりのサイズが大きく**，**構造が複雑**であるという特徴をもつ。

表1.1　生命科学とSNSビッグデータの比較

	生命科学	SNS
各データサイズ	大きい	小さい
データ構造	複雑	単純
由来	機械	人間
即時性	低い	高い

生命科学系ビッグデータの特徴と，SNSのビッグデータの特徴を簡略化して表現した。

Dr. Bono から
右の表に示したように，生命科学分野のデータは測定機器に由来する。測定機器メーカーや装置の種類は多様で，その結果，出力フォーマットが違っているなどのヘテロさが存在する。一筋縄では扱えないのだ。

　また，SNS のデータなどは，すべてのデータを取得しようとしたり，利用しようとしたりする際には制限があることが多く，大規模に取得してデータ解析をすることは一般にはハードルが高い。大規模にデータを取得するテクニックがデータサイエンティストのスキルとして必須とされているほどであ

る。一方，生命科学データに関しては，誰でも自由に利用可能な**パブリックデータ**（public data，公共データともいう）が多く存在しているという特徴もある。塩基配列データ，アミノ酸配列データ，遺伝子発現データ，タンパク質立体構造の座標データなどがそうである。

　塩基配列データのサイズを具体的にみてみると，例えば，ヒトリファレンスゲノム配列は，約 $3.1×10^9$（3.1 G）塩基である。この塩基配列を1文字ずつ入力していった場合，市販の4 G byte のサイズの USB メモリでようやく収まるサイズである（表1.2）。

表1.2　塩基配列データベースの大きさ（2020年9月現在）

	データベースの種類	総塩基数
一次データ（生データ）	アノテーションされた塩基配列データベース	約 $9.2×10^{12}$（9.2 T）塩基
	次世代シークエンサーからの塩基配列データベース（公開分）	約 $4.4×10^{16}$（44 P）塩基
二次データ（キュレーションされたデータ）	ヒトリファレンスゲノム配列	約 $3.1×10^9$（3.1 G）塩基

塩基数をデータ量（byte）に換算すると，ほぼ1塩基＝1 byte となる。したがって塩基数は byte 単位で表せる。ヒトゲノムは G（ギガ）オーダー，国際塩基配列データベースの DDBJ（Genbank）は T（テラ）オーダー，次世代シークエンサーからの塩基配列データベース（公開分）は P（ペタ）オーダーとなる。

　また，約30年間論文公開された多様な生物の塩基配列データをアーカイブしてきたデータベースである DDBJ（や GenBank）の場合，その塩基配列だけのサイズで約 $9.2×10^{12}$（9.2T）塩基となっている（表1.2）。つまり，塩基配列を1文字ずつ入力したデータは，市販されている USB ハードディスクの2 T byte 5つでようやく入りきるぐらいの分量である。ただし実際には，このデータに加えて，どういった実験で得られた塩基配列であるかなどのメタ情報も入ってくるので，さらに巨大なものとなる。

　さらに，次世代シークエンサーから得られた配列をアーカイブしている Sequence Read Archive（SRA）には，そのさらに1,000倍の塩基数がすでに登録されており，サイズはもう1つ上の補助単位* P（ペタ）の世界となっている（表1.2）。

　では，そんな大きさのデータをどうやって解析するのか？　現状では，そ

? それって何だっけ

アノテーション
注釈情報のこと。

? それって何だっけ

メタデータ/メタ情報
実際のデータには，塩基配列そのもの以外に，何の生物のデータか，ゲノムか cDNA か，どんな実験で得られたかなどのメタデータと呼ばれるデータも含まれる。そのため，データの大きさは実際の塩基配列の数よりも大きくなる。

❋ 10の整数乗を表す補助単位
ペタ（peta：P）　10^{15}（千兆）
テラ（tera：T）　10^{12}（兆）
ギガ（giga：G）　10^9（十億）
メガ（mega：M）10^6（百万）
キロ（kilo：K）　10^3（千）

➡ DDBJ と GenBank については，p.6 の「さまざまな DNA 配列データベースが構築されはじめる（1979年〜）」参照

? 何て呼んだらいいの

SRA
エスアールエーと呼ぶ

れらを一気にデータ解析するような手法は存在していない。SRA の中から必要なデータを抜き出してきて，そのサブセットに対してデータ解析するのが一般的な戦略である。とはいえ，配列解読の 1 回の実験データは，ものにもよるが，数億リードの塩基配列（1 個のリードは 100 〜 200 塩基長ほどが主流）となる。そのサイズは 1 回の実験のデータだけでも数十 Gbyte になり，データをパソコンに保存しておくだけでディスクの肥やしとなるといわれるほど，邪魔になるサイズとなっている。

1.2　バイオテクノロジーとデータ解析の歴史

　生命科学データ解析の歴史を時系列に順を追って説明していこう。これまでなされてきた配列データ解析を中心に，関連する生命科学技術の発展も併せて紹介する。

配列解読手法の発明

アミノ酸配列のデータベースが誕生する（1965 年）

　配列データ解析の歴史は，アミノ酸配列決定法の発明に始まる。それにより得られたアミノ酸配列のデータを，1965 年，National Biomedical Research Foundation（NBRF）の Margaret O. Dayhoff らが，データベース（以下 DB と略す）としてまとめた（Atlas of Protein Sequence and Structure）。彼女らのデータ収集センターは，PIR（Protein Information Resource）と呼ばれた。2002 年からは PIR が，European Bioinformatics Institute（EBI），Swiss Institute of Bionformatics（SIB，SwissProt というタンパク質配列 DB を維持してきた）とともに，タンパク質配列と機能に関する世界的な DB として UniProt を設立し維持してきている。ちなみに，タンパク質配列の配列類似性検索に欠かせないアミノ酸置換行列 PAM（Point Accepted Mutation）は，Dayhoff らによって作成されたもので，現在でも使用されている（p.8 のコラム「アミノ酸置換行列 PAM」参照）。

アミノ酸配列を大域的に比較する方法が登場する（1970 年）

　コンピュータを使って配列を比較する手法の開発がすでに始まっていた。1970 年に Needleman と Wunsch によって，「A General Method Applicable to the Search for Similarities in the Amino Acid Sequence of Two Proteins」という論文として発表された手法が，後に大域的アラインメント（global alignment）の方法として広く使われることになる。

塩基配列決定法の発明（1970年代）

1970年代，Frederick Sanger（図1.1）らによって塩基配列決定法が考案され，1977年にバクテリオファージφX174のDNA配列（5,375塩基）が解読された[1]。塩基配列決定法にはいくつかの手法があるが，Sangerらが開発したdideoxy法は，DNA鎖合成反応においてジデオキシヌクレオチドを取り込ませることにより，それ以上DNAの鎖が伸びないようにして，それを電気泳動のバンドとして検出することで配列を読むという方法である（詳細はYouTubeの動画を参照：https://www.youtube.com/watch?v=vK-HlMaitnE）。Sangerらは1980年のノーベル化学賞を受賞している。塩基配列の解読の歴史は，ここから始まる（表1.3）。

図1.1　**Frederick Sangerの肖像画**　The Wellcome Trust Sanger Institute（Hinxton, イギリス）に飾られている。Sanger（1918年8月13日 ～ 2013年11月19日）が亡くなった直後の2013年11月22日に著者が撮影した。

それって何だっけ

アラインメント
2つ以上の配列を比較して，配列中に同じ順序で並んでいる文字列や文字パターンを見つける手続き

1) Sanger F et al., *Nature* 265, 687 (1977)

何て呼んだらいいの

dideoxy
ジデオキシ，または，ダイデオキシと呼ぶ

それって何だっけ

ジデオキシヌクレオチド
通常，DNAに取りこまれるデオキシヌクレオチドのリボースから3位のOH基を取り除いたもの

表 1.3　生命科学におけるデータとデータ解析と技術の年表

年	データ解析と技術	出来事
1970	Needleman-Wunsch 法	
1977		バクテリオファージ（φ X174）DNA の解読（初）
1981	Smith-Waterman 法	
1988	FASTA 論文	NCBI 設立
1990	BLAST 論文	
1995	KEGG 開始	*H. influenzae* ゲノム解読（free-living organism として初）
1997	BLAST2 論文	
2002	BLAT 論文	
2003		*Homo sapiens* ゲノム解読（最初のヒトゲノム）
2006		統合データベースプロジェクト開始（日本）
2007		ライフサイエンス統合データベースセンター（DBCLS）設立
2009	BWA, bowtie 論文	
2011		バイオサイエンスデータベースセンター（NBDC）設立
2014		1,000 ドルゲノム達成
2015	HISAT 論文	
2016	kallisto 論文	
2017	salmon 論文	

詳しくは本文ならびに，表 1.4「各種生物のゲノム決定年表」を参照のこと。

配列データベースの誕生

さまざまなDNA配列データベースが構築されはじめる（1979年～）

　塩基配列の DB 化が，Los Alamos National Laboratory で 1979 年に始まった。この DB は後に NIH（National Institutes of Health）に移され，1982 年に GenBank となった。1982 年，ヨーロッパにおいても EMBL（European Molecular Biology Laboratory）の DB が開始された。EMBL の DB としての名前は後に改名され，現在は ENA（European Nucleotide Archive）と呼ばれている。また日本では，1983 年に京都大学化学研究所の

?　何て呼んだらいいの

GenBank
ジェンバンク，または
ジーンバンクと呼ぶ
EMBL
エンブル，または
イーエムビーエルと呼ぶ
ENA
イーエヌエーと呼ぶ
DDBJ
ディーディービージェイと呼ぶ

大井龍夫教授によって DDBJ（DNA Data Bank of Japan）が開始され，後に静岡県三島市にある国立遺伝学研究所に移管された。DDBJ のデータは定期的に公開されており，1987 年に「DDBJ 定期リリース 1」が公開された[2]。その後，これら 3 か所で恒常的にデータが交換され，DDBJ/ENA/Genbank のいずれかに登録されると他所の DB にも反映されるという仕組みが現在まで維持されている。

2) DDBJの沿革 https://www.ddbj.nig.ac.jp/aboutus.html

配列データ解析手法の開発

DNA配列を局所的に比較する方法が開発される（1981年〜）

　アミノ酸配列だけでなく，塩基配列をコンピュータ上で比較する方法の開発も同時に進められた。配列アラインメント手法の開発が進められ，1981 年に Temple F. Smith と Michael S. Waterman により，また 1982 年に Walter B. Goad と Minoru I. Kanehisa により，局所的アラインメント（local alignment）の方法が開発された。特に前者は後に，Smith-Waterman アルゴリズムとして配列類似性検索へと応用されていくことになる。

FASTAの登場により配列データベースの迅速な検索が可能になる（1988年）

　1988 年，William R. Pearson と David J. Lipman によって配列類似性検索ツール FASTA の論文が発表された。 Pearson は，アルゴリズムを論文として発表しただけでなく，ネットニュースや所属機関であるヴァージニア大学の FTP サーバーからそのソースコード（プログラム）を自由にダウンロードできるようにした。さらには，そのアップデートをも提供し，誰でも参加できるメーリングリストを作成して，その更新を伝え続けた。現在では至極当たり前になっているこのようなスタイルを当時から行っていた彼の功績は大きく，このようなスタイルのツール開発がバイオインフォマティクスの世界では標準となっていった。このこともあったのか，FASTA シリーズで入力として受け付ける配列形式が，FASTA 形式として業界標準となっていった。

> **？ 何て呼んだらいいの**
> **FASTA**
> 本来，ファーストエーと呼ぶ
> 日本では，ファスタと呼ぶ

より高速なBLASTがNCBIにより開発される（1990年）

　同 1988 年，NIH の NLM（National Library of Medicine）の下部組織として，National Center for Biotechnology Information（NCBI）が設立され，

> **？ 何て呼んだらいいの**
> **NCBI**
> エヌシービーアイと呼ぶ

コラム

アミノ酸置換行列PAM

アミノ酸配列の類似性を数値化した表で，類似性スコアの計算に用いる。塩基配列の場合には，同じ塩基だと5点，異なっていると−4点というシンプルなルールが使われるが，アミノ酸配列の場合には，そうはいかない。なぜかというと，異なっている場合であっても，同じ分枝アミノ酸であるロイシン(L)とイソロイシン(I)の違いと，そうではないロイシン(L)とトリプトファン(W)の違いとを同一に扱えないからだ。Dayhoffらは，自ら収集したタンパク質配列から計算して割り出し，アミノ酸置換行列PAM（Point Accepted Mutation）を作成した（図1.2）。この行列は，Dayhoff行列と呼ばれている。

図1.2　Dayhoff行列
ftp://ftp.ncbi.nlm.nih.gov/blast/matrices/DAYHOFFより取得したものを改変（ヘッダ情報を取り除いた）

	A	R	N	D	C	Q	E	G	H	I	L	K	M	F	P	S	T	W	Y	V	B	Z	X	*
A	2	-2	0	0	-2	0	0	1	-1	-1	-2	-1	-1	-4	1	1	1	-6	-3	0	0	0	0	-8
R	-2	6	0	-1	-4	1	-1	-3	2	-2	-3	3	0	-4	0	0	-1	2	-4	-2	-1	0	-1	-8
N	0	0	2	2	-4	1	1	0	2	-2	-3	1	-2	-4	-1	1	0	-4	-2	-2	2	1	0	-8
D	0	-1	2	4	-5	2	3	1	1	-2	-4	0	-3	-6	-1	0	0	-7	-4	-2	3	3	-1	-8
C	-2	-4	-4	-5	12	-5	-5	-3	-3	-2	-6	-5	-5	-4	-3	0	-2	-8	0	-2	-4	-5	-3	-8
Q	0	1	1	2	-5	4	2	-1	3	-2	-2	1	-1	-5	0	-1	-1	-5	-4	-2	1	3	-1	-8
E	0	-1	1	3	-5	2	4	0	1	-2	-3	0	-2	-5	-1	0	0	-7	-4	-2	3	3	-1	-8
G	1	-3	0	1	-3	-1	0	5	-2	-3	-4	-2	-3	-5	-1	1	0	-7	-5	-1	0	0	-1	-8
H	-1	2	2	1	-3	3	1	-2	6	-2	-2	0	-2	-2	0	-1	-1	-3	0	-2	1	2	-1	-8
I	-1	-2	-2	-2	-2	-2	-2	-3	-2	5	2	-2	2	1	-2	-1	0	-5	-1	4	-2	-2	-1	-8
L	-2	-3	-3	-4	-6	-2	-3	-4	-2	2	6	-3	4	2	-3	-3	-2	-2	-1	2	-3	-3	-1	-8
K	-1	3	1	0	-5	1	0	-2	0	-2	-3	5	0	-5	-1	0	0	-3	-4	-2	1	0	-1	-8
M	-1	0	-2	-3	-5	-1	-2	-3	-2	2	4	0	6	0	-2	-2	-1	-4	-2	2	-2	-2	-1	-8
F	-4	-4	-4	-6	-4	-5	-5	-5	-2	1	2	-5	0	9	-5	-3	-3	0	7	-1	-4	-5	-2	-8
P	1	0	-1	-1	-3	0	-1	-1	0	-2	-3	-1	-2	-5	6	1	0	-6	-5	-1	-1	0	-1	-8
S	1	0	1	0	0	-1	0	1	-1	-1	-3	0	-2	-3	1	2	1	-2	-3	-1	0	0	0	-8
T	1	-1	0	0	-2	-1	0	0	-1	0	-2	0	-1	-3	0	1	3	-5	-3	0	0	-1	0	-8
W	-6	2	-4	-7	-8	-5	-7	-7	-3	-5	-2	-3	-4	0	-6	-2	-5	17	0	-6	-5	-6	-4	-8
Y	-3	-4	-2	-4	0	-4	-4	-5	0	-1	-1	-4	-2	7	-5	-3	-3	0	10	-2	-3	-4	-2	-8
V	0	-2	-2	-2	-2	-2	-2	-1	-2	4	2	-2	2	-1	-1	-1	0	-6	-2	4	-2	-2	-1	-8
B	0	-1	2	3	-4	1	3	0	1	-2	-3	1	-2	-4	-1	0	0	-5	-3	-2	3	2	-1	-8
Z	0	0	1	3	-5	3	3	0	2	-2	-2	0	-2	-5	0	0	-1	-6	-4	-2	2	3	-1	-8
X	0	-1	0	-1	-3	-1	-1	-1	-1	-1	-1	-1	-1	-2	-1	0	0	-4	-2	-1	-1	-1	-1	-8
*	-8	-8	-8	-8	-8	-8	-8	-8	-8	-8	-8	-8	-8	-8	-8	-8	-8	-8	-8	-8	-8	-8	-8	1

この行列によるとLとIは2点，LとWは−2点となっている。BLAST検索においても，基本的にはこのようなスコアを計算して配列類似性の指標としているが，厳密にいうとDayhoff行列ではなく，BLOSUMと呼ばれるアミノ酸置換行列を使用している（ftp://ftp.ncbi.nlm.nih.gov/blast/matrices/BLOSUM62）。詳しい話はp. 125（ドットプロット）を参照のこと。

？ 何て呼んだらいいの

BLAST
ブラストと呼ぶ

3) Altschul SF et al. *J. Mol. Biol.* 215, 403 (1990)
https://doi.org/10.1016/S0022-2836(05)80360-2

Director として Lipman が就任した。そして，1990年に NCBI の Stephan F. Altshul らによる配列類似性検索ツール BLAST（Basic Local Alignment Search Tool）の論文[3] が発表された。BLAST は現在でも頻繁に用いられている配列類似性検索ツールのデファクトスタンダード（事実上の標準）となっているが，開発当初はギャップを許さないアライメントしかできなかった

ため，後に発表されるギャップを考慮した BLAST2 が発表されるまで，ギャップも考慮することのできる FASTA が併用されていた。当時は NCBI のツールとの依存関係などもあり，BLAST からソースコードをコンパイルして実行できる形にすることが困難で，ローカルマシンに BLAST をインストールするのは至難の業であった。

ここで紹介した配列データ解析の詳細は p.123 の「配列アラインメント」に関する節を参照してほしい。

ヒトゲノム計画

ゲノムプロジェクトの開始と塩基配列解読技術の進歩（1990 年～）

1990 年にヒトゲノムプロジェクトが開始された。15 年間でヒトゲノムを解読することが目標とされ，そのための技術開発が進められた。当初は放射性同位体（RI：Radio Isotope）を使ったスラブゲル電気泳動で塩基配列を解読していたのが，まず，蛍光色素を使うことにより非 RI 化された。塩基は ATGC の 4 種類があるために，1 配列の解読につき合計 4 レーン流す必要があったのだが，4 色の蛍光を使うことにより 1 レーンですむようになった。さらに，それを自動で検出するために，スラブゲルではなく毛細管（キャピラリー）の中にゲルを充填し，その中で電気泳動を行うようになり，さらに，それが 1 本ではなく複数本同時に流すようなシークエンサー（キャピラリーシークエンサー）が登場した。このように，塩基配列解読の技術革新が日進月歩で進められた。

微生物ゲノムが次々と解読される（1990 年代後半）

配列解読技術が進歩するなか，1995 年に，Craig Venter 率いる TIGR（The Institute of Genome Research）が，インフルエンザ菌（*Haemophilus influenzae*）のゲノム配列解読を発表した。その後，これに続く微生物ゲノムの解読ラッシュが 90 年代後半起こる（表 1.4）。

？ 何て呼んだらいいの
TIGR
タイガーと呼ぶ

遺伝子領域の予測がさかんに行われる

微生物ゲノム配列が解読され，塩基 ATGC の文字列として配列が大量に電子化されはじめたことにともない，ゲノム配列中から遺伝子を見つける需要

表1.4 各種生物のゲノム配列決定年表

年	生物種	特記事項
1995	*Haemophilus influenzae*（インフルエンザ菌）	初の free living な細菌ゲノム
1996	*Synechocystis* sp. PCC 6803（シアノバクテリア）	初の独立栄養, 光合成細菌ゲノム
1996	*Methanocaldococcus jannaschii*（メタン菌）	初の古細菌ゲノム
1996	*Saccharomyces cerevisiae*（出芽酵母）	初の真核生物ゲノム
1997	*Escherichia coli* K-12 MG1655（大腸菌）	初の大腸菌ゲノム
1998	*Caenorhabditis elegans*（線虫）	初の多細胞生物ゲノム
1999	ヒトの22番染色体	初のヒトの染色体ゲノム解読
2000	*Arabidopsis thaliana*（シロイヌナズナ）	初の高等植物ゲノム
2000	*Drosophila melanogaster*（ショウジョウバエ）	初の昆虫ゲノム
2002	*Mus musculus*（マウス）	初の哺乳類ゲノム
2003	*Homo sapiens*（ヒト）	初のヒトゲノム

年号は, 論文が発表された年。2020年11月現在, JGIのGOLD (Genomes OnLine Database：https://gold.jgi.doe.gov/) によれば, 解読が終了し, Complete Project とされているものだけでも2万以上が登録されている。

が高まり, ゲノム配列から遺伝子コード領域を予測する研究（Gene Finding）がさかんに行われた（p.11 のコラム「遺伝子予測」参照）。

何て呼んだらいいの
KEGG
ケッグと呼ぶ

4) https://doi.org/10.1101/gr.8.3.203

ゲノム配列解読ラッシュの始まった1995年に, 京都大学化学研究所の金久實研究室において, 代謝経路の知識ベースとなるデータベース KEGG (Kyoto Encyclopedia of Genes and Genomes) が開始され, また, パスウェイ解析という言葉が生まれた [4]。

BLAST2やCLUSTALシリーズが登場する（1990年代後半）

1997年に BLAST2 が開発され, ギャップなしの配列比較しか対応していなかった BLAST がギャップに対応できるようになった。同時に PSI-BLAST (Position Specific Iterated BLAST) が開発された。PSI-BLAST は, BLAST の検索結果から位置特異的行列を自動的に作成し, それを繰り返して配列類似性検索を行うもので, 遠縁の類似性を検出するための配列検索に威力を発揮した。

何て呼んだらいいの
PSI-BLAST
プサイブラストと呼ぶ
CLUSTAL
クラスタルと呼ぶ

コラム
遺伝子予測 (Gene Finding)

　塩基配列解読に非常なコストがかかっていたかつての時代は，解読したゲノム配列のみからエクソン(exon)部分を発見し，遺伝子構造を予測することも重要な研究課題だった。そのツールとしては，当初は，Grailがよく使われていたが[5]，隠れマルコフモデル(Hidden Markov Model：HMM)を拡張した手法を用いたGENSCANが開発されると[6]，こちらのほうがよく使われるようになった。特に，ヒトやマウスゲノム配列解読の過程でよく使われてきた。

　しかし，一度リファレンス遺伝子セットができてしまうと，このようなツールを使った遺伝子予測の必要はなくなってしまった。また，近縁生物をゲノム配列解読した場合においても，BLASTなどを用いて近縁生物種間の配列比較を行えば，遺伝子構造の予測が可能である。その結果，2020年代の今では，遺伝子予測ツールを使う必要はほとんどなくなった。

　また現在では，塩基配列解読コストが安くなり，同時にtranscriptome解読もできるようになったことから，ゲノム配列から遺伝子を予測すること自体必要なくなった。すなわち，転写配列を直接解読したゲノムにマッピングすることでより正確に遺伝子配列を知ることができるからである。

　遺伝子予測ツールは，すでにヒトやマウスでは不要なツールとなっている。他生物においては，新規のゲノムを解読した際には，現在ではcDNA配列情報と合わせてGLEANといったツールが使われ，複合的に遺伝子配列セットが作成されている[7]。

5) https://doi.org/10.1126/science.1948063
6) https://doi.org/10.1006/jmbi.1997.0951
7) https://doi.org/10.1186/gb-2007-8-1-r13

　また，多重配列アラインメントのツールとしては，さまざまなツールが開発されたものの，よく使われているのはCLUSTALシリーズに絞られてきた。CLUSTALは長年にわたって最新バージョンが公表され，現在も広く使われている。

多重配列アラインメントは，p.141の「多重配列アラインメントと系統樹」参照

ヒトゲノム配列が公開される (2000年)

　ヒトゲノム配列のアッセンブルのために，University of California Santa Cruse（UCSC）のJim KentによってGigAssemblerが開発された。さらにKentは，BLAT（BLAST-Like Alignment Tool）と呼ばれるアッセンブルされたゲノムへのマッピング（Genome landingともいう）のためのツールも開発した。BLATはリファレンスゲノム配列に特化した配列類似性検索ツールとして，主にUCSC Genome Browser上のウェブインターフェースから今も頻繁に使われている。これらのツールが開発された結果，2000年

図1.3　理化学研究所横浜事業所に飾られているヒトゲノムデータが収められたCD-ROM　CD-ROMには「2003.4.14」の日付が記されている。1953年のDNAの二重らせん構造の発見から50年目の2003年に，（一人目の）ヒトゲノム配列解読が完了したのである。

表1.5　ヒトとマウス遺伝子数（2020年11月現在）

	Human	Mouse
Coding genes	20,440	22,519
Non coding genes	23,995	16,074
Small non coding genes	4,867	5,531
Long non coding genes	16,907	9,981
Misc non coding genes	2,221	562
Pseudogenes	15,222	13,656
Gene transcripts	229,649	142,699

Ensembl Genome Browserの統計のページ
ヒ　ト：https://www.ensembl.org/Homo_sapiens/Info/Annotation
マウス：https://www.ensembl.org/Mus_musculus/Info/Annotation
のGene counts (Primary assembly) より改変

にヒトドラフトゲノム配列が，そして 2003 年に最初のヒトゲノムが公開された（図 1.3）。

　かつては遺伝子はタンパク質コード遺伝子がメインで，その数は約 10 万と考えられていたが，ゲノム解読の結果，その数は大幅に下方修正された。その後もデータは更新され続け，2020 年 11 月現在では，タンパク質をコードしない非コード遺伝子（non-coding gene）のほうがヒトではむしろ多いことがわかっている（表 1.5）。

マイクロアレイの発明

遺伝子の発現解析を行うマイクロアレイの登場（1990 年代後半）

　ヒトゲノム解読と並行して，マイクロアレイ技術も開発されてきた。マイクロアレイとは，狭義には，従来 Southern ブロット法や Northern ブロット法という実験法で行われてきた塩基配列のハイブリダイゼーション法を，ミニチュア化することで密度をあげた実験デバイスのことを指す。具体的には，ナイロンメンブレンやスライドガラスに DNA を高密度にスポットしたデバイスであり，そのスポット数は数千〜数万のオーダーである。このデバイスを使用して，つまり，従来の塩基配列解読ではなくハイブリダイゼーション法によって，DNA の存在や量を測定する手法が開発されてきた。ハイブリダイゼーションのスポットは蛍光スキャナーでデジタルデータとして読み取り，そのイメージをデータ解析し，定量して発現強度を数値データとして得る。この一連の実験手法も広義の「マイクロアレイ」と呼ばれている。一度に数千〜数万のハイブリダイゼーションが定量的に測定できることから，以下に述べるような実験手法として広く応用されてきた。

　それまでに知られてきた EST（Expressed Sequence Tag）配列をもとにしてマイクロアレイを設計し，遺伝子発現量を検出する解析（transcriptome 解析）をするという実験手法が広く用いられた。EST 配列とは mRNA を逆転写して得た cDNA 配列断片を配列解読したものである。多くの生物でゲノム配列が未解読だった当時は，塩基配列データベース DDBJ/EMBL/Genbank に登録された EST を，同一と考えられる配列をまとめて 1 つのクラスターとすること（クラスタリング）により，UniGene という DB が作成され，このクラスター数が遺伝子数を見積もるよい指標となった。

何て呼んだらいいの

EST
イーエスティーと呼ぶ

UniGene は，p.36 参照

ChIP-chip解析の開発，マイクロアレイデータのDB化

　ゲノム配列が解読され，リファレンスゲノム配列が利用可能となると，それらの情報をもとにして遺伝子コード配列だけでなく，ゲノム配列に対してもマイクロアレイが設計されるようになった。遺伝子のプロモーター領域の塩基配列をマイクロアレイ上に搭載したプロモーターアレイや，さらにその対象領域を染色体全体（ゲノム）に対して設計したタイリングアレイなどが作製され，利用された。具体的には，クロマチン免疫沈降（Chromatin ImmunoPrecipitation：ChIP）と組み合わせたChIP-chip解析という実験手法が開発され，転写因子の結合部位が解析可能となった。また同様にして，ヒストンの結合部位も解析可能となり，染色体上で「開いているところ」の解析が，特定の領域だけでなくゲノムの全領域で可能となった。そういったマイクロアレイデータに対しても，DB化が図られてきた。NCBIのGEO（Gene Expression Omnibus）とEBIのArrayExpressがそれである。NCBI GEOのトップページの統計値によれば，本書執筆時の2020年11月現在，約400万サンプル数のデータがアーカイブされている。

◁ ArrayExpressの詳細は，p.50の「遺伝子発現データベース」参照

次世代シークエンサーの誕生

NGSの登場

　マイクロアレイの発明だけでもかなりの技術的な進歩だったが，技術革新はとどまるところを知らなかった。ヒトゲノム解読と並行して，次世代シークエンサー（Next Generation Sequencer：NGS）が開発されてきた。dideoxy法（Sanger法）によらない塩基配列解読として，まず，ピロリン酸を検出するpyrosequencing法が採用されるようになった（表1.6）。この原理を454 Life Scienceが商品化し，Rocheが買収して販売したシークエンサーが，比較的長読みが可能なシークエンサーとして用いられていたが，2013年に販売終了，2016年にサポート終了となった。

　The Wellcome Trust Sanger Instituteは，Solexa法と呼ばれる次世代配列解読法を開発してきた。これは個人ゲノム配列解読を目指した手法で，ヒトゲノムプロジェクトが完了する前から開発に着手されていた。この方法は現在，sequence-by-synthesisと呼ばれており（表1.6），Illumina社が商品化し，MiSeq，HiSeq，NovaSeq，NextSeqといった機器名で販売され，市場を圧倒している。

表1.6 サンガー法と次世代塩基配列決定法の動画URL一覧

塩基配列決定法	シークエンサー販売会社	配列解読原理の動画
サンガー法 (dideoxy法)	各社	https://www.youtube.com/watch?v=vK-H1MaitnE
Pyrosequencing	454 Life Sciences	https://www.youtube.com/watch?v=nFfgWGFeOaA
Solexa (sequence-by-synthesis)	Illumina	https://www.youtube.com/watch?v=womKfikW1xM
Ion-torrent	Thermo Fisher Scientific	https://www.youtube.com/watch?v=zBPKjOmMcDg
SMRT sequencing	Pacific Bioscience	https://www.youtube.com/watch?v=NHCJ8PtYCFc
Nanopore DNA sequencing	Oxford Nanopore Technologies	https://www.youtube.com/watch?v=RcP85JHLmnI

各塩基配列決定法の詳細は本文参照。

　ヌクレオチドがDNA鎖に取り込まれる過程でポリメラーゼによって放出される水素イオン（プロトン）を検出する方法で配列解読を行うIon Torrentも開発されている。現在は，Thermo Fisher Scientificが販売している（表1.6）。

NGSの配列を処理するツールやデータベースが生み出される

　次世代シークエンサーから出てくる大量の塩基配列（リード）を一度に処理する技術の開発がThe Wellcome Trust Sanger Instituteを中心に開発され，リファレンスゲノム配列をsuffix array化し，リードを高速にマッピングすることが可能となった。その実装としてBWAが知られている。同様に検索するツールとしてBowiteが開発され，ともにフリーウェアとして誰でも無償で利用できるようになっていたのは，BLASTなどと同様である。

　NGSから大量に得られる配列のデータも，マイクロアレイデータ同様にデータベース化された。DDBJ，EBIやNCBIにおいて，Sequence Read Archive（SRA）というDBが，NGSの配列（リード）データベースとしてスタートした。DDBJ/ENA/GenBankと同じく，3局のうちどこに登録しても他局にデータが反映されるという三局体制によるデータの維持管理が確立されている。

次世代シークエンサーの登場によって，これまではマイクロアレイによる
ハイブリダイゼーション法で行われていた解析が，塩基配列決定法により行
えるようになってきた。すなわち，タイリングアレイ（tiling array）は
DNA-seq（リシークエンス：resequence）へ，エクソンアレイ（exon
array）は exome へ，発現アレイ（expression array）は RNA-seq へ，
ChIP-chip は ChIP-seq へと取って代わられようとしている。

長い配列が読めるシークエンサーが登場する

SRA は当初，Short Read Archive と呼ばれていたように，NGS はリー
ド（ひと続きで解読される配列）が短いという特徴があった（現在では，
SRA は Sequence Read Archive となっている）。現在では，長く読めるよ
うなNGS も開発されてきている。その代表格がPacific Bioscience（PacBio）
のシークエンサー，RSII と Sequel である。PacBio は，DNA ポリメラーゼ
がヌクレオチドを取り込んで伸長していくようすをカメラで観察して，どれ
が結合したかを記録しているやり方で配列解読を行っている。通常 DNA ポ
リメラーゼは 1 秒間に数十塩基伸長するのだが，それを約 2 塩基しかできな
いような反応の遅い酵素を使うことで，その動きをカメラで捉えられるよう
にしている。その結果，1 時間に約 2 塩基×3600 秒＝約 7.2 キロ塩基の解
読が可能となる。その配列解読原理の動画も YouTube で公開されている（表
1.6）。

また長読みが可能なシークエンサーとして最近注目されているのがOxford
Nanopore Technologies（ONT）の MinION という USB 接続型の小型シー
クエンサーである。やはりこれも，配列解読原理は動画として公開されいる（表
1.6）。DNA が穴を通るときの電流の変化を測定し，そのパターンを機械学習
アルゴリズムを用いて割り出し，どの塩基が通ったかを検知する仕組みで配
列解読を行う。2020 年 11 月現在では，48 時間で 20 G ほどの塩基配列解
読ができるといわれている。これまでのシークエンサーに比べて小型でポー
タブルなため，屋外のフィールドでの利用など，これまでにない応用が今後
期待されている。

以上の次世代シークエンサーをまとめると，2020 年現在よく使われてい
るのは，リード数で他の追随を許さない Illumina の Hiseq や NovaSeq シリー
ズと NextSeq，リード長が必要な場合は PacBio や ONT（MinION）という

? 何て呼んだらいいの

PacBio
パックバイオと呼ぶ
**Oxford Nanopore
Technologies**
ONT（オーエヌティー）や
nanopore（ナノポア）と略され
ることが多い
MinION
ミナイオンと呼ぶ

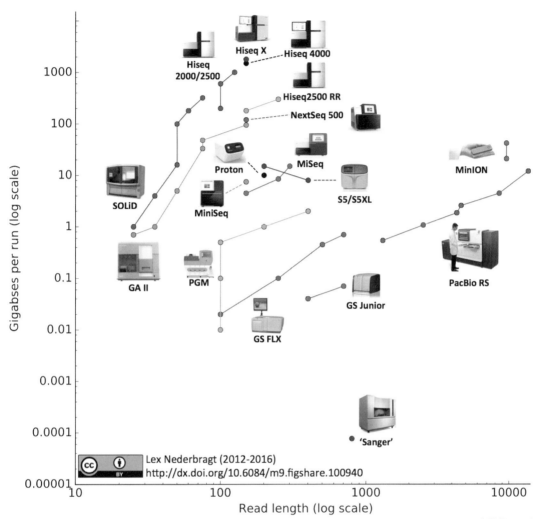

図1.4　次世代シークエンサーのリード数とリード長による分類　Nederbragt, Lex（2016）：developments in NGS. figshare.（https://doi.org/10.6084/m9.figshare.100940.v9）より

状況である（表 1.6 ならびに図 1.4）。

　ヒトゲノム解読にかかるコストも 2000 年頃には約 1 億ドルだったのが，2020 年現在，約 1 千ドルほどに下がっている（図 1.5）。ムーアの法則をも上回る勢いで値段が安くなったのは，2007 年頃からであり，次世代シークエンサーが広く使われ出した頃と一致する。それから 10 年以上経った 2020 年現在，次世代シークエンサーは Next Generation Sequencer でなく Now Generation Sequencer となった。ただ配列解読するだけでなく，配列解読とそのデータ解析をうまく組み合わせた応用が求められるようになってきている。

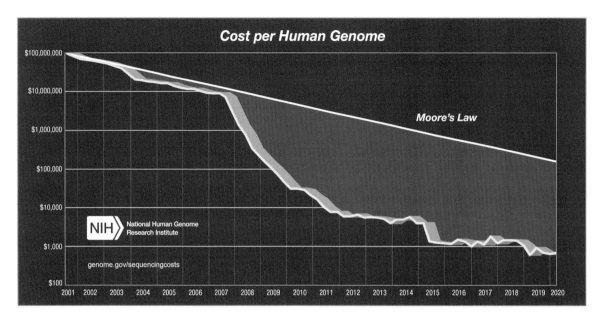

図1.5　ヒトゲノムあたりの解読コスト　2000年頃に約1億ドルだったのが，現在は約1千ドルに下がっている。NIHの National Human Genome Research Instituteのウェブサイト（`https://www.genome.gov/sequencingcostsdata/`）より

日本のデータベース統合化の動き

DBCLS が誕生する（2007 年）

　ヒトゲノム解読後の世界的な流れの中で，日本でもヒトゲノム配列を始めとする DB に関して整備すべきであるという機運が高まり，それに対処すべく文部科学省で議論がなされた。2006 年 5 月に，「我が国におけるライフサイエンス分野のデータベース整備戦略のあり方について」という報告書（`https://www.lifescience.mext.go.jp/download/news/report_DB.pdf`）がまとめられ，ライフサイエンス研究における DB の意義および整備の必要性が指摘された。

　それを受けて，2006 年度に文部科学省「統合データベースプロジェクト」が立ち上げられた。2006 ～ 2010 年度までの公募制の時限プロジェクトであったものの，大学共同利用機関法人の情報・システム研究機構にライフサイエンス統合データベースセンター（Database Center for Life Science：DBCLS）が，生命科学分野における DB 統合化の拠点を形成することを目的に 2007 年 4 月に設立された。DBCLS では，DB 構築だけでなくそれらを維持することにも注力し，DB の再利用性を高めるための情報技術の研究開発と同時に，統合 DB プロジェクトの中核機関として開発したサービスの提

❓　何て呼んだらいいの

DBCLS
ディービーシーエルエスと呼ぶ
NBDC
エヌビーディーシーと呼ぶ

供を行ってきた。

NBDCとDBCLSの体制になる（2011年）

　時限プロジェクトだったため 2010 年度で統合 DB プロジェクトは終了となったが，2011 年 4 月に科学技術振興機構（JST）にバイオサイエンスデータベースセンター（National Bioscience Database Center：NBDC）が発足し，統合 DB プロジェクトを続けることとなった。NBDC は戦略立案やある程度確立したサービスを DBCLS から引き継ぐ一方，DBCLS は研究開発に注力することとなった。また DBCLS は 2014 年にその一部が国立遺伝学研究所の DDBJ センターの隣に移って連携を強化し，協調して日本の統合 DB を維持管理する体制となっている（図 1.6）。

図1.6　国立遺伝学研究所 生命情報研究センターとスーパーコンピューターシステム　生命情報研究センター（左の建物）に DDBJ センター（奥の 2 階）と DBCLS（手前の 4 階）の他，先端ゲノミクス推進センター（手前 1 階）に次世代シークエンサーが入っている。その隣（右の建物）に，12.5 P byte ほどのストレージのあるスーパーコンピューターシステム（遺伝研スパコン：https://sc.ddbj.nig.ac.jp/）のある電子計算機棟が通路でつながっている。

データ解析環境の変遷

Linux が開発される（1990年〜現在）

　データ解析に話を戻すと，1990 年代は Sun microsystems（Sun）や Silicon Graphics International Corp.（SGI）のワークステーション（サーバー）が使われており，それぞれ SunOS や IRIX といった UNIX がオペレーションシステム（OS）として稼働していた。1990 年代に PC でも動く UNIX ライクな OS として Linux が開発され，21 世紀になるとこれが広く使われるようになった。このような経緯で，21 世紀になりデータ解析の主流は，巨大なサーバーから PC Linux サーバーへと移行してきた。国立遺伝学研究所スーパーコンピューターシステム（遺伝研スパコン）も OS はすべて Linux である。現在は macOS 自体が UNIX という時代である。また，Windows10 上でも Windows Subsystem for Linux 2（WSL2）によって Linux コマンドラインが利用可能となっている。Linux の導入コストが低減され，今後さらに普及していくことが予想される。

スパコンとパソコン

　シークエンサーの開発ほどではないとしても，コンピュータ業界も技術革新のスピードが早く，数年前に導入された当時最新鋭のサーバーであっても，手元の PC のほうが CPU が高速，ということがよく見られる。著者も大学院生時代に，4，5 年前に導入されたスパコンよりも手元のコンピュータのほうが Smith-Waterman 検索が速かったことに驚いた記憶がある。

　つまり，自分のマシンは単なる「端末」でなく，ある程度の計算はできるサーバーとなっている時代なのである。データ量が多いとはいえ，ある程度のスペックを備えた PC ならば計算が可能である。ただ，ゲノムアッセンブルを行うなど，数百 G 〜数 T オーダーでメモリが必要な際には，研究目的であれば，遺伝研スパコンを頼ればよい。申請さえすれば 2020 年現在，研究目的であれば無料で使える。それも現在は手元の PC から利用可能である。1990 年代には居室に LAN 接続がなく，端末室からサーバーにアクセスして利用するスタイルであったことを思うと，シークエンサーの進歩ほどでなくても，こうしたコンピュータリソースに関しても，時代の移り変わりの速さにたいへん驚かされる。

2 生命科学分野の公共データベース

　生命科学分野の公共データベースは**その種類**が非常にたくさんあり，専門家であってもどれを使ったらよいかよくわからない状況となっている。第2章では，まず最初に，現在公共データベースがかかえている重要な問題点についてふれる。次に，塩基配列データベースから始めて，ゲノム，遺伝子発現，遺伝子バリアントと表現型，タンパク質，文献の各種データベースについて，よく利用されているものを中心に概説する。

Dr. Bono から

あふれかえるデータベース。おもしろいマンガを見つけました。
https://pic.twitter.com/Fgcr5nRuTQ

2.1　公共データベースとは？

　昨今，インターネット上には利用可能なデータリソースがあふれている。生命科学系分野におけるデータベース（以下 DB）とは，生物にかかわる情報を電子化したデータとして収集し，再利用可能な形に整理したものである。インターネットの普及とともにウェブインターフェースで DB 本体へアクセスできるようになってきたことから，ウェブサイトのことを DB と勘違いしている人もいるようだが，そうではない。

　それでは，DB にはどんな種類があるだろうか？　2007 年頃に国立遺伝学研究所の大久保公策氏が行った分類によると（表 2.1），単にデータを蓄えたタイプのバンク型や研究プロジェクトの成果を収めたプロジェクト型以外に，プログラムが機械的処理した結果を収めたプログラム型や，その道のエキスパートの人間にキュレーションされた情報をまとめたキュレーション型などがある。さらに，これまでの研究から得られた知識をまとめた知識モデル型や総説型もあり，さまざまである。

表2.1　構築法からみたデータベースの分類（大久保によるDB分類）

型名称	情報源の種類	処理方法	処理主体	データ形式	例
バンク型	測定器と登録者	―	不特定多数	構造化テキスト	DDBJ
プロジェクト型	測定器と実験者	―	特定人間	構造	FANTOM
プログラム型	データベースレコード	機械的処理	マシン	構造	UniGene
キュレーション型	データベースレコード	高度情報処理	特定人間	構造	SCOP
知識モデル型	読み物（電子・紙）	高度情報処理	特定人間	構造	KEGG
総説型	読み物（電子・紙）	高度情報処理	特定人間	構造化テキスト	OMIM

科学技術連携施策群の効果的・効率的な推進補完的課題事後評価「生命科学データベース統合に関する調査研究」（平成17年度～平成19年度）報告書（https://www.jst.go.jp/shincho/database/pdf/20051010/2007/200510102007rr.pdf）より一部改変

生命科学系のウェブツールも，ほぼ無償で利用できるものが多い。ウェブツールとはウェブブラウザを介して利用可能なプログラムのことである。

それらの多くは，**公共データベース**（英語では public database，以下，公共 DB）と呼ばれる，**誰でも自由に無償***で利用可能な DB である。生命科学系の DB には，公共 DB が多いのが特徴である。

2.2　データベース有償化問題

しかし，DB を維持していく予算が，絶えず安定かつ豊富に得られるというわけではない。タンパク質一次配列 DB として古くから使われてきた SwissProt を，予算が得られないという理由から，やむをえず有償化するということがかつて起こった。その後 SwissProt は，UniProt として予算を獲得できたため，現在では公共 DB として無料で利用可能となっているが，だからといって，**今後もずっと無料で使い続けられるという保証はない**。それは他の DB に関しても同様である。

DB を維持してきたサイトのなかには，将来の予算の削減を意識して，ユーザー登録を課して利用者を把握しようとしたり，さらにはそれを有償で提供したりするところも出てきた。転写因子結合サイトの情報を集めた DB である TRANSFAC がその例である。TRANSFAC は 20 年以上前から存在する歴史ある DB だが，公開されているものは public release と呼ばれる 2005 年から更新されていないデータのもので，最新のものはライセンスを購入しないと手に入らない（http://gene-regulation.com/pub/databases.html）。

？　何て呼んだらいいの

TRANSFAC
トランスファックと呼ぶ
TAIR
テアーと呼ぶ

また, シロイヌナズナの DB, The Arabidopsis Information Resource（TAIR）
もそうで, すべてのデータリソースを利用する場合は有償となっている
（`https://www.arabidopsis.org/doc/about/tair_subscriptions/413`）。

　生命科学分野では全体的に研究費が削減されているなかで, 特定の生物種
や生物プロセスに関する DB は維持費がまかなえず, 今後, 問題に遭遇する
DB が増加するのではないかと危惧されている。そういった維持できなくなっ
た DB においてデータが失われてしまうようなことのないように, 科学技術
振興機構（JST：Japan Science and Technology Agency）のバイオサイ
エンスデータベースセンター（NBDC）では, 生命科学系 DB アーカイブを行っ
ている（`https://dbarchive.biosciencedbc.jp/`）。国内の生命科学研究
者が生み出したデータを日本の公共財としてまとめようというものである。
長期間安定に維持保管し, データ説明（メタデータ）を統一することで検索
を容易にし, 利用許諾条件などを明示することによって, 多くの人が容易に
データへアクセス・ダウンロードできるようにするサービスを目指している
（図 2.1）。また, アーカイブされたすべての DB やそのコンテンツに Digital

▷ NBDCの詳細は, p.19の
「NBDCとDBCLSの体制になる
（2011年）」参照

**図2.1　NBDCの生命科学系
データベースアーカイブ**
2020年11月現在, 150あま
りのDBがアーカイブされてい
る。DBに収められている情報
は同一フォーマットでまとめ
られ, 利用許諾も明示されてお
り, 再利用しやすくなってい
る。またアーカイブされたすべ
てのDBやそのコンテンツに
DOIが付与されており, その
DBを引用する際に役立つ。
`https://dbarchive.
biosciencedbc.jp/`より

> ■ **コラム**
>
> # DOIとは？
>
> 　Digital Object Identifierの略で，日本語では「デジタルオブジェクト識別子」と呼ばれる。インターネット上のデータに恒久的に与えられる識別子である。最近出版された学術論文にはこのDOIが付与されているので，目にすることは多いだろう。
> `https://doi.org/`以下にそのDOIを記載したURLをウェブブラウザでアドレス指定すると，そのコンテンツの該当ページに自動的に転送される便利な仕組みとなっている。
>
> 　例　DOIが`10.5582/ddt.2016.01011`の場合，
> 　　　→　`https://doi.org/10.5582/ddt.2016.01011`
>
> 　2020年現在，学術論文だけでなく，インターネット上で公開されているデータセット（例えば統合TVの動画やデータベース）にもDOIが付与されており，その利用が広がっている。例えば，figshareというデータ共有のためのレポジトリでは，データをアップロードするとその場でDOIが付与される。この種のデータレポジトリからデータを共有することが学術論文誌採択の条件となりつつある。

？　それって何だっけ

レポジトリ
データを電子的に保存・共有するための貯蔵場所。

Object Identifier（DOI）が付与されており，そのDBの情報を引用する際に役立つ（コラム「DOIとは？」参照）。データを長期にわたり保全し，DB作成者のクレジットを明示するとともに，公的機関や民間などのさまざまなユーザが利用しやすい形にすることで，それぞれの研究の生命科学へのさらなる貢献を支援する仕組みとなっている。

　ちなみに，日本発の代謝経路のDBとして有名なKyoto Encyclopedia of Genes and Genomes（KEGG）は，「KEGGは公共データベースとなったことはない」という主張の下，FTPからの大量データダウンロードは有償となっている[1]。ただし，個別のデータの閲覧は無料で自由にできる。

公共DBからデータを取捨選択して，有用と考えられるものだけを集め，付加価値のついたDBとして販売されているものもある。その例として，Illumina NextBio Research（`https://jp.illumina.com/informatics/research/biological-data-interpretation/nextbio.html`）や，NextBio Clinical（`https://jp.illumina.com/informatics/translational-research/nextbio-clinical.html`）が挙げられる。また，Ingenuity

1）'KEGG has never been a public database',
Plea to Support KEGG-Genome Net
`https://www.genome.jp/kegg/docs/plea.html`

コラム

CCライセンス──生命科学DBのライセンス

　Creative Commons (CC) ライセンス(https://creativecommons.jp/licenses/)は，生命科学DBでも用いられることが多くなってきた。CCライセンスとは，インターネット時代のための新しい著作権ルールで，作品を公開する作者が「この条件を守れば私の作品を自由に使ってかまわない」という意思表示をするためのツールである。CCライセンスは，クリエイティブ・コモンズという国際的な非営利組織により提供されている。CCライセンスを利用することで，**作者は著作権を保持したまま作品を自由に流通させることができ，受け手はライセンス条件の範囲内で再配布やリミックスなどを行うことができる**（▶参照）。

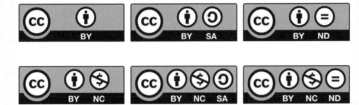

これらのマークが表示されていることが，著作物にCCライセンスが付与されていることを示す目印である。例えば，上図の右上の場合は，「作品のクレジットを表示すること，元の作品を改変しないこと」という条件の下に作品の利用を許可している。

全ての権利の主張　　　　　　　いくつかの権利の主張　　　　　　全ての権利の放棄

　すべての作品は，著作権で守られているもの（上図左）と，そうでないもの（上図右）の2つにわけられる。著作権があるものは，「All rights reserved」と記されることが多く，著作権がある状態を表している。著作権で守られていないものは，パブリックドメインなどといわれることが多く，保護期間が終了したり，権利が放棄されている状態である。例えば，NCBIのDBや作成したツールのほとんどは，パブリックドメインとなっている。著作権で守られているものと，そうでないものを両極端とすると，その中間に位置するのが，CCライセンスである。すなわち，'**Some rights reserved**'ということであり，限定された権利を主張するライセンス形式となっている。

　DB利用者は，DBを使ったら引用するということを徹底していただきたい。ソフトウェアに関しても同様である。そのDBやソフトウェアに関する文献がなければ，DBやソフトウェアのウェブサイトURLでもかまわない。**そうすることでそのDBやソフトウェアの価値が高まり，ひいてはそれらの維持にプラスに働くことが考えられるからである**（▶参照）。

▶ 統合TV

「分子生物学会フォーラム～賢く著作物を共有する方法（クリエイティブコモンズの使い方）～」
https://doi.org/10.7875/togotv.2009.124

▶ 統合TV

「クリエイティブ・コモンズ・ライセンスの付け方」
https://doi.org/10.7875/togotv.2010.015
第3章のコラム「DOIとデータ引用 (citation)」(66ページ) と第4章のコラム「ソフトウェアのライセンスは？」(144ページ) も参照

Pathway Analysis（IPA, https://www.qiagenbioinformatics.com/products/ingenuity-pathway-analysis/）から提供されている Ingenuity Knowledge Base は，医学生物学分野のエキスパートの PhD 取得者が論文を全文読んだ上で知見を抽出し，それに対してさらに厳しい品質管理を行った上で作成されている DB である。この IPA の DB は毎週更新されるが，利用料を払えば利用可能である。IPA は，マイクロアレイや RNA-seq 解析で有意な発現差が得られた遺伝子群に対して，それらの**遺伝子に関する機能情報を素早く得る目的で利用**されることが多い。

2.3 公共データベースのデータベース

これまでの説明を読むと，利用料を払わないと使えない DB ばかりなのかと心配されるかもしれないが，そうではない。安心してほしい。**生命科学分野の DB は，現在でもその多くが誰でも無償でアクセスできるようになっている**。ではどんな DB があるのだろうか？　かつての教科書なら，さまざまな種類の DB のリストを表としてここに掲載するところだろう。しかしながら，2020 年代の現在，それを網羅的にリストすることはほとんど不可能かつ無意味なので，ここでは，そのような目的のために便利な，「データベースの DB」を紹介する。

その前に，Nucleic Acids Research（NAR）という論文誌について少しふれておこう。NAR は，毎年年頭にデータベース特集号（DB issue）を発行している。生命科学分野の研究者は，以前ならばそれに掲載された DB を調べるなどして，新規な DB を把握することができていた。現在でも NAR DB issue 自体は続けられていて，新しい DB が毎年掲載されているのだが，これまでに掲載された数多くの DB のうち多くのものが，すぐにアクセスできなくなったり，変更された名前で維持されたりなどしている。したがって，全体の把握や検索は非常に困難となっている。

そこで，生命科学分野の公共 DB の全容を把握すべく，前述の NBDC が中心になって，DB 情報を網羅的に収集しているのである。この収集は，表 2.1 の分類を作成した調査研究による DB のリストをもとに，それを拡充したものである。この調査研究が行われたのは今から約 10 年前（2007 年度末）で，そのときには，日本で公開されている海外および日本の DB は，約 250 とさ

れていた。これを手はじめとして，DB の収集が現在まで継続・維持されている。現在では IntegbioDB カタログ（https://integbio.jp/dbcatalog/）という名称で呼ばれており，2020 年 11 月の本書執筆時で約 2,500 の DB が登録されている（参照）。単にリストがあるだけでなく，生物種や対象（ゲノム / 遺伝子，cDNA/EST，遺伝的多様性など），データの種類（表現型，バイオリソース，手法）といった観点から DB が分類されており，秀逸なウェブインターフェースが提供されているので，絞り込み検索が容易となっている（図 2.2）。IntegbioDB カタログにおける新たな DB 情報収集は，これまでは主に国内のものの網羅性が高かった。だが，2017 年からは国際的な生命科学系 DB 情報を収集・公開している FAIRSharing（https://fairsharing.org/，かつては BioSharing と呼ばれていた）との連携が始まり，DB 情報の交換をするようになったので，海外の DB 情報の網羅性が高くなった（2017 年 4 月時点では約 1,600 の DB の登録であった）（参照）。

IntegbioDB カタログを見ると，さまざまな DB が，今どういう状態で維持されているのか，あるいは消えてしまったのか，そういったことも一目でわかるようになっている。DB の稼働状況が，「稼働中」，「休止」，「公開停止中」，「運用終了」というステータスで表示される。例えば，GDB は昔の教科書に出ているヒトゲノム統合データベースであり，クローンや遺伝子，文献情報などが収められていたのだが，IntegbioDB カタログの該当項目を見ると，「運用終了」となっていることがわかる。

これまでに紹介した DB のウェブサイトは公共 DB であり，すべてのデータが誰でもアクセスできるので，もちろん Google などのインターネット検索サイトで引っかかってくる。しかしながら，公共 DB と呼ばれるものの**すべてのコンテンツがインターネット検索の対象となっているわけではない**ことを知っておくことは重要だろう。例えば，NCBI の提供している PubMed がそうである。すなわち，汎用のインターネット検索には検索漏れが多数あり，例えば，論文情報を探すのに通常は Google 検索は使わないだろう*。

そこで，生命科学 DB 版ネット検索ともいえる**生命科学 DB 横断検索**が，NBDC で維持管理されている（https://biosciencedb.jp/dbsearch/）。生命科学 DB に特化して，検索インデックス作成を入念に行って維持管理されている。また，インターネット検索サイトで多数が上位にヒットしてくる広告表示などがない（参照）。検索するときの用語が日本語であっても，

統合 TV
「Integbio データベースカタログの使い方」
https://doi.org/10.7875/togotv.2012.095

? **それって何だっけ**

EST
mRNA を逆転写して得た cDNA 配列の断片配列。

FAIR
FAIR は，「Findable（見つけられる），Accessible（アクセスできる），Interoperable（相互運用できる），Reusable（再利用できる）」の略で，データ公開の適切な実施方法のあり方を表現しており，データ共有の原則として広まっている。詳細はバイオサイエンスデータベースセンターの FAIR 原則のウェブサイトを参照のこと（https://biosciencedbc.jp/about-us/report/fair-principle/）。

統合 TV
「BioSharing: data sharing standards, resources and cooperating procedures」
https://doi.org/10.7875/togotv.2011.099

そこで Google は，論文情報に特化した Google Scholar https://scholar.google.co.jp/ を提供している（も参照）。

統合 TV
「研究者のための Google 活用術〜 Google Scholar を中心に〜 2017」
https://doi.org/10.7875/togotv.2017.044
「生命科学データベース横断検索の使い方」
https://doi.org/10.7875/togotv.2015.065

図2.2　IntegbioDBカタログ　生物種や対象（ゲノム/遺伝子，cDNA/EST，遺伝的多様性など），データの種類（表現型，バイオリソース，手法）などの観点からDBが分類され，絞り込み検索が可能なDBカタログとなっている。

 統合TV

「ライフサイエンス辞書を使い倒す2011〜オンライン辞書編〜」
https://doi.org/10.7875/togotv.2011.075

 Dr. Bono から

横断検索は便利なのだ！

その日本語がライフサイエンス辞書プロジェクト（https://lsd-project.jp/）によって作成されたライフサイエンス辞書〔Life Science Dictionary（LSD）（▶参照）〕に掲載されていれば，相当する英語の言葉も同時に検索され，英語で検索された結果も得られる仕組みになっている。例えば，「高血圧」で検索すると，「hypertension」も同時に検索される。知りたいキーワードがあって，それがどのDBに記述されているかを横断的に検索して知りたい，そんなときにこの生命科学DB横断検索が役に立つ。

　さて，次のセクションから，生命科学データ解析に特に役立つという観点から，知っておくべきDBやよく利用される公共DBを紹介していく。馴染みのないデータタイプのDBであっても，本書のいたるところにその引用を入れてある「統合TV」（コラム参照）の動画のチュートリアルを参考にすれ

コラム

 統合TV

DBCLSでは統合TVと呼ばれる動画のチュートリアルを作成しており，ウェブブラウザ上で利用可能なさまざまなDBやツールに関する使い方を，主に日本語で情報発信している（`https://togotv.dbcls.jp/`）（参照）。

統合TVには，大きく分けて2種類の動画がある。1つは，スクリーンキャプチャによりDBやツールに関する使い方を説明する動画である。もう1つは，講演や講習会を撮影した動画である。元々は前者の使い方動画がメインであったが，最近では生命科学系講演会の動画も増えてきている。これらの動画はYouTubeにもアップされており，YouTubeのインターフェースからも視聴が可能である（`https://youtube.com/togotv`）。

2007年7月の統合TVスタート以来約10年以上が経ち，2020年11月現在，統合TVの動画数は合計約1,800番組，1か月のアクセス数は約4.5万，総再生時間は約3,000時間に上っている（2020年5月）。また，すべてのコンテンツにDOIが付与されており，`https://doi.org/`以下にDOIを記載したURL（例えば，DOIが `10.7875/togotv.2010.007` の場合，`https://doi.org/10.7875/togotv.2010.007`）をウェブブラウザでアドレス指定すると，統合TVウェブサイトの該当ページに自動的に転送される。

ばよくわかるだろう。なお，DB から得られるデータの形式，および DB からデータをダウンロードして手元で再計算などが必要な解析に関しては，それぞれ第 3，4，5 章でその方法を紹介する。

2.4 塩基配列データベース

一次データアーカイブとしての国際塩基配列データベース

塩基配列データベースは，国際的な共同研究の下，DDBJ/EMBL/GenBank の三局が共同する体制（INSDC: International Nucleotide Sequence Database Collaboration：国際塩基配列データベース共同研究）が構築されてきた＊。たとえていうと，INSDC は持株会社のようなもので（つまり「INSDC ホールディングス」），どれか一か所の DB（おもしろいことに INSDC ではそれぞれを Bank と呼んでいる）に登録されると，他の Bank にもそのデータが反映されるという仕組みである。この INSDC の枠組みで維持されている DB を表 2.2 にまとめた。横軸は DB を維持している機関，縦

＊ EMBLは後にENA（European Nucleotide Archive）と改名しているが，ENAにはさまざまな種類のデータが含まれるため，本書ではAnnotated Sequenceの DBを意味するときにはEMBLと表記する。

統合 TV
「生命科学系ウェブツール活用サイト『統合TV』の使い方」
`https://doi.org/10.7875/togotv.2017.001`

表2.2 国際塩基配列データベース

DBの種類	NCBI	EMBL -EBI	DDBJ
Annotated sequences (アノテーションされた配列)	GenBank		DDBJ
Capillary reads (キャピラリーシークエンサーから得られる配列)	Trace Archive		Trace Archive
Next Generation reads	Sequence Read Archive (SRA)	European Nucleotide Archive (ENA)	Sequence Read Archive (SRA)
Samples (サンプルの情報)	BioSample		BioSample
Studies (実験プロジェクトの情報)	BioProject		BioProject

国際塩基配列データベース共同研究 (INSDC) の枠組みで中身のデータを交換しているDBの一覧。中身は同一だが, 日米欧各所 (それぞれ DDBJ, NCBI, EMBL-EBI) にそれぞれのDBが保持されている。表の横軸はDBを維持している機関, 縦軸はDBの種類。

軸はDBの種類で, 各機関で若干そのDBの呼称に関して違いがある。例えば, EMBLと呼ばれていたDBに関しては, 現在ENAと呼ばれ, 他の種類のDB も含めて統合されている。

　論文を投稿する際には, 塩基配列データをこのいずれかに**登録して登録番号（アクセッション番号：accession number）を受け取り, その番号を論文中に載せることが論文受理の条件である**と規定する論文誌が多く, この仕組みが長らく運用されてきた。この仕組みは科学研究におけるデータ公開のモデルケースとなっており, マイクロアレイなど他の種類のデータにも広く応用されている。現在, オープンデータの流れのなか, すべての種類のデータに対してもこのように登録することを求める方向になりつつある。

アノテーションされた配列：DDBJ/EMBL/GenBank

　DDBJ/EMBL/GenBankは塩基配列DBとして最も古くからあるものであり, それゆえ関係者の間ではtrad (traditional の略) と呼ばれたりもしている。現在ではアノテーションされた配列（annotated sequence）のDBとして位置づけられている（表2.2）。

? それって何だっけ

アノテーション
注釈情報のこと。

　DDBJ/EMBL/GenBankには, Divisionと呼ばれる登録カテゴリーがあり,

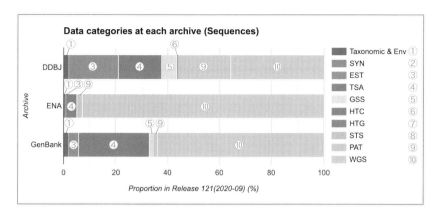

**図2.3　各Bankに由来する
エントリ数のDivision分布**
EMBLは8割以上がWGSで，
DDBJはESTやPAT（特許出
願に含まれる塩基配列データ）
が割合として多いことがわか
る。https://www.ddbj.nig.
ac.jp/stats/release.
html#bprop-categoryより

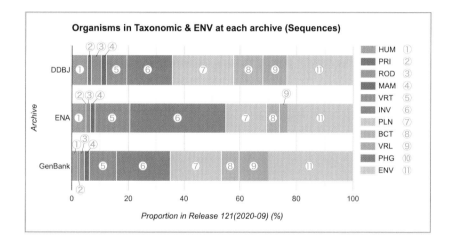

**図2.4　各Bankに由来する分
類学とENV（環境上のサンプ
ルに由来した配列）のDivision
分布**　EMBLはINVが半分以
上，DDBJはPLN（植物・真菌
類など）の，GenBankはENV
の割合が多い。https://www.
ddbj.nig.ac.jp/stats/
release.html#organism_
rankingより

時代に応じて追加されていっている。かつてはHUM（ヒト）やINV（無脊
椎動物）といった生物種の分類学によるものが主流であったが，最近では
EST（Expressed Sequence Tag）やWGS（Whole Genome Shotgun）
といった，そのデータの種類によるカテゴリー分けが主流となっている
（図2.3，図2.4）。このDivisionに関してはDDBJのウェブサイトに詳細な
ドキュメントがあり詳しく説明されている（https://www.ddbj.nig.ac.jp/
ddbj/flat-file.html#DivisionA）。

キャピラリーシークエンサーから得られる配列

　塩基配列データ解読のハイスループット化に伴い，上述の塩基配列DBに
加えて，キャピラリーシークエンサーから得られる配列（Capillary reads）

統合TV
「Trace Archiveを使い倒す」
http://doi.org/10.7875/
togotv.2009.066

の配列情報の品質管理もデータベース化されるようになった。また，塩基配列そのものに加えて，Traceデータと呼ばれる波形データもアーカイブされるような受け皿が作成された。それがTrace Archiveである（表2.2，参照）。

次世代シークエンサーのリード，サンプル，実験プロジェクト

次世代シークエンサー（Next Generation Sequencer：NGS）の登場により，波形データを含まず，配列の品質情報を塩基配列とともに記述する形式（FASTA+Qualityの意味で，FASTQ形式）が使用されるようになった。このFASTQと，それに付随するメタ情報が，Sequence Read Archive（SRA）にアーカイブされていくようになった＊。

DDBJでは，SRAのことをDDBJ Sequence Read Archive（DRA）と呼ぶこともあり，DRAとSRA両方の略称が併用されている。

SRA以外のDB（例えば，後述のGEOやArrayExpress）とのリンクをつける関係で，実験プロジェクトとサンプルの情報は，BioProjectとBioSampleという名前の，別々のDBに登録するようにその後変更された。このため各データ間の関係がわかりづらくなっているが，図2.5に示した通りである。Experimentに対していくつかのRunの情報があり，BioProjectおよびBioSampleに記述されたそれぞれのプロジェクト情報とサンプル情

図2.5　BioProject，BioSampleとSRAの関係
Experimentに対してさまざまな情報が結びつけられている。これまでは，StudyとSampleの情報に対して，それぞれDRPとDRSから始まるIDが割り振られてきた。BioProjectとBioSampleのDBに収められるようになってからは，それぞれにPRJDとSAMDから始まるIDが割り振られるようになった（DDBJに登録したデータの場合）。表2.3, 2.4も参照。DRA handbook（http://trace.ddbj.nig.ac.jp/dra/submission.html）より

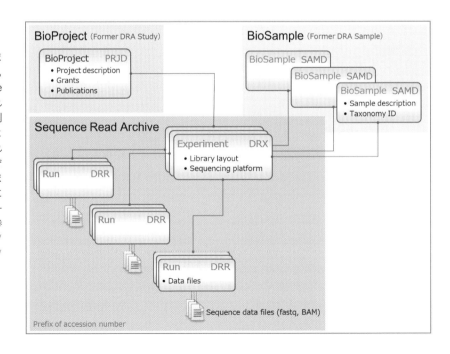

表2.3 BioProjectとBioSampleのID prefixの種類

	DDBJ	EBI	NCBI	例
BioProject	**PRJD**	**PRJE**	**PRJN**	**PRJDB4191**
BioSample	**SAMD**	**SAME**	**SAMN**	**SAMD00040034**

各局由来のBioProjectとBioSampleのデータは，ここに示した文字から始まるIDがつけられている。

表2.4 SRAのID prefixの種類

SRA entities	DDBJ	EBI	NCBI	例
study	**DRP**	**ERP**	**SRP**	**DRP003111**
sample	**DRS**	**ERS**	**SRS**	**DRS029609**
experiment	**DRX**	**ERX**	**SRX**	**DRX040843**
run	**DRR**	**ERR**	**SRR**	**DRR045547**
analysis	**DRZ**	**ERZ**	**SRZ**	**DRZ000007**

各局由来のSRAのデータは，ここに示した文字から始まるIDがつけられている。

報がExperimentを介して結びつけられている（図2.5）。

　それぞれのデータごとにIDが振られており，表2.3にあるようなものが存在する。これらのIDは，DDBJ，EBI，NCBIのどこでも共通で，検索可能となっている。これら以外にSRAのsubmission番号の**DRA**，**ERA**，**SRA**から始まるIDもある（例：**DRA003980**，表2.4）。図2.5には示されていないが，analysisという名前のデータ解析のカテゴリーもあり，*de novo* assemblyでつなげた配列データなどをここに登録することができる。ちなみに，表2.4で例にあげた**DRZ000007**は，かずさDNA研究所から登録されたMicro-Tom（わい性のトマト）のゲノム配列解析結果のデータ（Heinzという別のトマトゲノムへのリファレンスマッピング）である。

　SRAの大きさは，登録された塩基数の合計ですでに40ペタ塩基を超えており，サイズとしては世界に比類なきビッグデータとなっている（図2.6）。ただし，公開されている配列（open access bases）は半分以下であり，個人情報や公開前のデータも多く登録されていることがわかる。

> **？ それって何だっけ**
>
> ***de novo* assembly**
> *de novo* はラテン語で，「新たに」や「再び」を意味する言葉であり，先験的な知識なしにアッセンブルすることを意味する。

図2.6 SRAデータ数の伸び 横軸は西暦年, 縦軸は塩基数 (対数) sensitiveデータや発 表前データなどの非公開を含 めた塩基数は, 公開されている オープンアクセスの塩基数の 2倍以上あり, 45ペタ塩基を 超えている。`https://www. ncbi.nlm.nih.gov/sra/ docs/sragrowth/` より改変

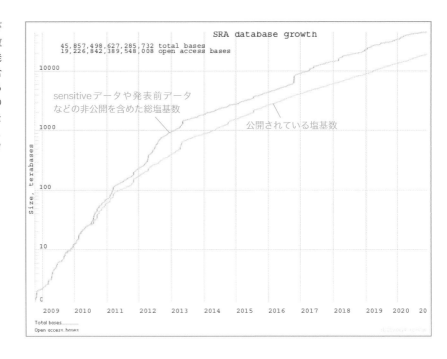

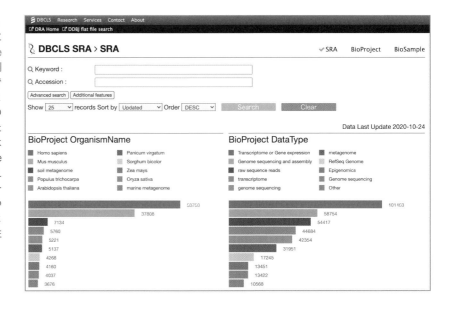

統合TV

「DBCLS SRAを使ってNGSデー タを検索する」 `https://doi.org/10.7875/ togotv.2014.097`

オープンアクセスのデータに関しては, DDBJと共に活動しているライフ サイエンス統合データベースセンター (DBCLS, 詳細は第1章参照) におい て開発・維持されているDBCLS SRA (`https://sra.dbcls.jp/`) というサ イトから検索でさる (図2.7, ▶参照)。

図2.7 DBCLS SRAによる, SRA(正しくはBioProject)に 登録されたOrganism Name (生物種名)とData Type別 統計 Organism Name別で は, ヒト(Homo sapiens)と マ ウ ス(Mus musculus)の データが圧倒的に多い。また DataType別 の 場 合 で は 'Transcriptome or Gene expression'が一番多く見え るが, 登録されたままのデー タで統計が取られているため にカテゴリー別がさまざまと なっているので, 比較には注 意が必要である。

　NCBI，EBI，DDBJ には同じデータがあるので，データのダウンロードはどこからにしても同じである。日本からの利用の場合は，他所よりも DDBJ からダウンロードするほうが，基本的に速い。DDBJ からの取得がおすすめである。

　個人情報の観点からオープンアクセスにすることのできない sensitive データを登録するための受け皿（レポジトリ）としては，

- 米国（NCBI）：The database of Genotypes and Phenotypes
  （dbGaP，`https://www.ncbi.nlm.nih.gov/gap`），
- ヨーロッパ（EBI）：The European Genome-phenome Archive
  （EGA，`https://www.ebi.ac.uk/ega/`），
- 日本（DDBJ）：Japanese Genotype-phenotype Archive
  （JGA，`https://www.ddbj.nig.ac.jp/jga/index.html`）

が作られている。それぞれのメタデータに関しては相互に交換することを行っており，sensitive データの受け皿としてすでに機能している。日本では，NBDC ヒトデータベース（`https://humandbs.biosciencedbc.jp/`）と JGA が協力して，ヒトに関するデータのデータベース化と維持管理を行っているので，登録すべきデータがある場合は NBDC にまず相談するとよい（参照）。

　また制限共有を実現する DB として，国立研究開発法人 日本医療研究開発機構（AMED）では，ゲノム医療研究におけるデータ共有を加速するための制限共有 DB，AMED Genome group sharing Database（AGD）を NBDC と DDBJ の協力の下に構築し，その運営を 2017 年から開始している。

使いやすさのための二次データベース

　上述の DB は，研究者から登録されたデータがそのまま入っており，一次データソース（資料）として貴重なものだが，そのままではデータ解析には使いにくい。そこで，使いやすくして再利用しやすくするために，二次データベースとしてさまざまなタイプのデータベースが作成されている。その筆頭として，リファレンスとなるデータセットというものが作られている。それが，NCBI RefSeq である（参照）。

Dr. Bono から
日本ならば，DDBJ からダウンロードするのが速い！

何て呼んだらいいの
dbGaP
ディービーギャップと呼ぶ
EGA
イージーエーと呼ぶ
JGA
ジェージーエーと呼ぶ

統合 TV
「NBDC ヒトデータベースを介した Japanese Genotype-phenotype Archive の データ共有の審査過程と登録手続き」
`https://doi.org/10.7875/togotv.2014.032 https://doi.org/10.7875/togotv.2014.033`

何て呼んだらいいの
AMED
エーメドと呼ぶ

何て呼んだらいいの
RefSeq
レフセック，あるいはレフシークと呼ぶ

統合 TV
「遺伝子の RefSeq ID を調べ，その mRNA，アミノ酸配列を取得する」
`https://doi.org/10.7875/togotv.2017.086`

表2.5　**RefSeqのカテゴリー**

Category/カテゴリー	Description/意味	例
NC	Complete genomic molecules	**NC_000001** (ヒト1番染色体)
NG	Incomplete genomic region	
NM	mRNA	**NM_000454** (ヒトSOD1 mRNA)
NR	ncRNA	
NP	Protein	**NP_000445** (ヒトSOD1 protein)
XM	predicted mRNA model	
XR	predicted ncRNA model	
XP	predicted Protein model (eukaryotic sequences)	
WP	predicted Protein model (prokaryotic sequences)	

mRNAだけでなく，すべての種類の配列データに対してReference sequenceが作成されている。`https://en.wikipedia.org/wiki/`
`RefSeq`より　ncRNAはnon-coding RNA

キュレーションは，p.169の
「それって何だっけ」参照

生命科学研究者が登録してきたデータのアーカイブである DDBJ/ENA/
GenBank とは異なり，RefSeq はその一次ソースの配列を元にしたリファレ
ンス配列のキュレーションされた二次 DB である。選択的スプライシングの
結果生まれたアイソフォームによる冗長性はあっても，異なるグループが同
じ遺伝子を別々に登録したというような冗長性は RefSeq にはない。RefSeq
には mRNA のほか，Genome や Protein も作成されており，ID によってそ
れぞれの属性がわかる。すなわち，ID が **NM** から始まるエントリは mRNA，
NP からのものは protein などである。その他の RefSeqID の意味は，表 2.5
にまとめた。

また，UniGene は，NCBI で維持されている mRNA を逆転写して得た
cDNA 配列の断片配列である EST 配列を集めてクラスタリングし，転写単位
ごとにまとめた DB である（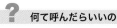参照）。多くの生物でゲノム配列が未解読だっ
た当時は，このクラスター数こそが遺伝子数を見積もるよい指標であった。
現在は NCBI の DB に対して検索を行ったときに得られる結果のうち，
Genes というセクションの中に UniGene に対する検索結果も含まれている
（図 2.8）。

？　何て呼んだらいいの

UniGene
ユニジーンと呼ぶ。UniGeneの
ウェブページは，2019年7月
末で閉鎖されたが，データは
NCBIのFTPサイトから利用可
能となっている。

 統合 TV
「ESTデータベース Entrez Unigene
を使って遺伝子の配列情報を取得
する」
`https://doi.org/10.7875/`
`togotv.2013.031`

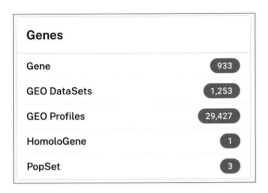

図2.8 'HIF1A'でNCBI検索したときのGenesセクションの表示 Unigeneのヒットは，Geneのヒット（この例では933）の中に含まれており，Unigeneが作成されている生物種におけるHIF1Aのクラスタがヒットしてくる。

図2.9 'HIF1A'でNCBI検索したときのGenesセクション（図2.8）に1件と記されていたHomoloGeneのエントリ 各生物種でのHIF1AのUnigeneクラスタとRefSeq proteinがまとめられ，利用しやすくなっている。*D. rerio*のHIF1Aホモログは他の表示されている生物のそれとはドメイン構成が異なることが可視化されている。

NCBIの各種DBは，public domainということで商用利用も可能なため（p.25のコラム「CCライセンス」参照），この配列を元にしてさまざまなマイクロアレイが設計され，遺伝子発現量を検出する解析（transcriptome解析）が広く行われてきた。

HomoloGeneとはNCBIで維持されている，異なる生物種間で配列相同性（Homology）を持つ遺伝子（ホモログと呼ぶ）グループのDBである（図2.9，参照）。異なる生物種のUniGene間のリンクを施したようなDBであり，

統合TV
「HomoloGeneを用いた相同な遺伝子の検索」
https://doi.org/10.7875/togotv.2015.066

その遺伝子のホモログがどの生物にまで存在しているかを知るのに便利である。図 2.9 に示した例（HIF1A）では，ヒトからゼブラフィッシュ（*D. rerio*）まで保存されていることがそのタンパク質配列におけるドメイン構成とともに可視化されており，'Gene conserved in Euteleostomi（この遺伝子は硬骨魚類まで保存されている）'と記載されている。興味ある特定の遺伝子の別の生物での遺伝子配列を得る際に役に立つ。その得た配列をもとに多重配列アラインメントを行い，分子系統樹を描画することによく用いられる。多重配列アラインメントの詳細は次章で説明する。

　HomoloGene は，UniGene 同様，NCBI の DB の検索対象に含まれており（図 2.8），直感的なウェブインターフェースにより，さまざまな生物種におけるその遺伝子の配列取得を容易に行える（図 2.9）。

2.5　ゲノムデータベース

　ゲノムデータベースといえば，かつては GDB がヒトゲノムプロジェクトの中心的な DB だったが，2008 年に運用が終了している（IntegbioDB カタログ：https://integbio.jp/dbcatalog/record/nbdc00991）。それではゲノムデータベースとして今は何を使うべきか？　それは目的によって異なってくる。

ゲノム配列解読プロジェクトのデータベース

統合 TV
「GOLD-Genomes Online Database-の使い方」
https://doi.org/10.7875/togotv.2015.037

　現在，さまざまな生物種のゲノム配列解読がどういった状態にあるかを知るには，GOLD（Genomes OnLine Database https://gold.jgi.doe.gov/）として JGI により収集されているものが網羅的でよく使われている（ ●参照）。2021 年 1 月現在，配列解読プロジェクトの Complete Projects は 20,579 エントリで，これがほぼゲノム配列解読された生物の数といってよいだろう。また，Permanent Drafts とあるのはドラフトシークエンスの状態にあるもので，それは 248,352 エントリも登録されていて，多くは Whole Genome Sequencing というゲノム配列解読のプロジェクトである。興味ある生物に関して配列解読状況などの情報が欲しいときに役立つであろう。

　ゲノム配列情報は NCBI でもデータがまとめられており，そのゲノム配列がすでに DDBJ/ENA/Genbank に登録されているものであれば，Genome Information by Organism（https://www.ncbi.nlm.nih.gov/genome/browse/）から一覧できる（表 2.6）。また，目的の生物種名などがすでにわかっている場合には，NCBI のトップページ（https://www.ncbi.nlm.nih.gov/）の検索窓から検索すれば，検索結果の 'Genomes' のセクションから目的の情報に素早くたどり着くことができる（図 2.10）。目的の生物のデータがすでに登録されていれば 'Genome' の欄に 0 でない数値が表れ，そのリンク先のページから，その生物種に関したゲノム関連データの詳しい情報が得られる（図 2.11）。ゲノムサイズやタンパク質コード遺伝子数，遺伝子の GC 含量（GC%）などの統計情報や，使われている Representative

表2.6　NCBI Genome に登録された大きなゲノムサイズを持つ生物種（10 Gb 以上）

生物種名	生物群	ゲノムの大きさ（Mb）	染色体数
Neoceratodus forsteri	Eukaryota;Animals;Fishes	34,557.6	10
Ambystoma mexicanum	Eukaryota;Animals;Amphibians	32,396.40	20
Pinus lambertiana	Eukaryota;Plants;Land Plants	27,602.70	—
Sequoia sempervirens	Eukaryota;Plants;Land Plants	26,537.20	—
Picea engelmannii	Eukaryota;Plants;Land Plants	24,943.60	—
Picea glauca	Eukaryota;Plants;Land Plants	24,621.50	—
Pinus taeda	Eukaryota;Plants;Land Plants	22,103.60	—
Picea sitchensis	Eukaryota;Plants;Land Plants	18,225.20	—
Allium sativum	Eukaryota;Plants;Land Plants	16,559.40	7
Triticum aestivum	Eukaryota;Plants;Land Plants	15,418.80	21
Pseudotsuga menziesii	Eukaryota;Plants;Land Plants	14,673.20	—
Larix kaempferi	Eukaryota;Plants;Land Plants	12,952.40	—
Larix sibirica	Eukaryota;Plants;Land Plants	12,342.10	—
Picea abies	Eukaryota;Plants;Land Plants	11,961.40	—
Triticum dicoccoides	Eukaryota;Plants;Land Plants	10,677.90	14

https://www.ncbi.nlm.nih.gov/genome/browse/ より作成。2021 年 1 月現在。

図2.10　NCBIのトップページのDB検索（All Databaseの検索窓）で，'Naked mole rat'（ハダカデバネズミ）を検索語としたときの結果の一部　Genomeのヒット数が1のほか，それ以外のさまざまなDBでのヒット数が要約されており，その数字をクリックするとその検索結果の詳細が見られる。

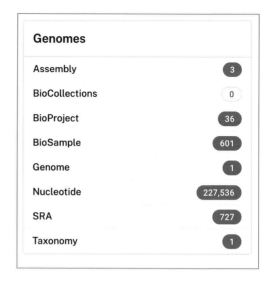

図2.11　NCBI Genomeでハダカデバネズミ（naked mole-rat）を検索した結果の例　NCBIトップページの検索窓でGenomeを選択して，naked mole-rat（ハダカデバネズミ）を検索した結果。上部にリファレンスゲノム配列としておすすめのRepresentative genomeが記載されている。この場合，'assembly HetGla_female_1.0'で，そのバージョンのgenome, transcript, proteinの配列（FASTA形式）やゲノムアノテーションのダウンロードへのリンクもまとめられている。

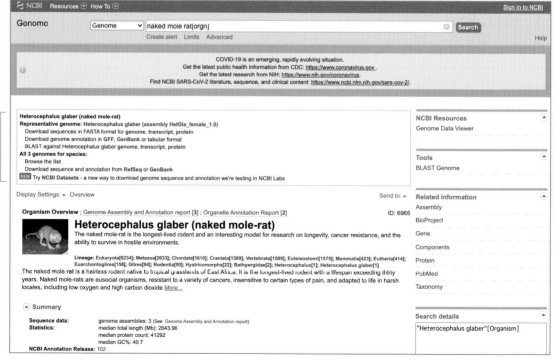

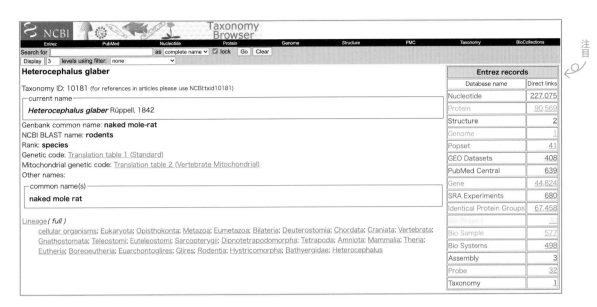

注目

図2.12　NCBI taxonomy のハダカデバネズミ (naked mole-rat) の検索結果の例
右に'Entrez records'として各種データへのリンクがそのデータ数とともに記載されている。例えば、'SRA Experiments'は680なので、ハダカデバネズミの関連するSRAのエントリ数が680あり、'PubMed Central'は639なので、全文利用可能な論文が639編あることがわかる。

genome 配列（リファレンスゲノム配列）や、それに対するゲノムアノテーション、transcript（転写産物）と protein（タンパク質）のデータセットへのリンクなどである。

　また、Taxonomy のリンクからは、NCBI taxonomy のページにたどれる。このページには、ゲノム配列以外で、NCBI にデータに含まれているその生物種に関わるさまざまな情報がまとめられている（図 2.12、参照）。NCBI の DB に、どの情報が、どれぐらいすでに登録されているかを、生物種ごとに知るのに威力を発揮する検索手段となっている。

　医学研究においてもメタゲノム解析などで知る機会のある細菌ゲノムについてふれておこう。KEGG は、代謝経路再構築をゲノムにコードされたすべての遺伝子から行ってきたという経緯もあり、微生物ゲノムを中心に集められてきた。その網羅性は、爆発的なデータ産生量に圧倒されて、まったく追いついていないのだが、データを再利用する際に必要な情報などはよくまとまっている。

▶ 統合 TV

「NCBI Taxonomy Browser を使って、生物分類と配列情報を関連させて調べる 2017」
https://doi.org/10.7875/togotv.2017.092

ゲノムブラウザー

　ヒトやマウスなど，すでにゲノム配列解読がなされ，リファレンスゲノム配列とそれに対するゲノムアノテーションがキッチリと維持されている生物種に関しては，遺伝子や特定のゲノム領域に関する情報を得るのにゲノムブラウザーを利用するのがよい。

ゲノムブラウザーとは？

　ゲノム上の位置情報にもとづいてさまざまな情報がひもづけられているブラウザーのことであり，ヒトゲノム配列解読に合わせて開発され，その後維持されつづけている（図2.13）。

　カルフォルニア大学サンタクルーズ校（University of California Santa Cruse：UCSC）によるUCSC Genome Browser（以下，UCSCと表記。https://genome.ucsc.edu/）と，European Bioinformatics Institute（EBI）によるEnsembl Genome Browser（以下Ensemblと表記。https://www.ensembl.org/）*が，ヒトやマウスのゲノムブラウザーとしてよく用いられる。

　この2つのゲノムブラウザーは，ヒトを中心に，ゲノム配列が解読された脊椎動物を中心に，そのゲノム配列とそれに対するゲノムアノテーション情報のデータが集められ，維持されている。それ以外の生物種としては，

？ 何て呼んだらいいの

Ensembl
アンサンブルと呼ぶ

Ensemblには，The Wellcome Trust Sanger Instituteが開始当初から2016年まで関わってきたが，現在は外れている。https://www.ensembl.org/info/about/credits.html より

図2.13　ゲノムブラウザーの概念図 染色体の特定の領域を選んでどんどん拡大していって，最終的には塩基配列まで拡大して見られるツールが，ゲノムブラウザーである。ゲノム配列解読後，この「ゲノム座標系」に対してさまざまな「アノテーション」がTrackとして付与されており，むしろその付加価値のほうが高いほどである。すべてを同時に表示するのは不可能で，必要なアノテーションをカスタマイズして使うようになっている。

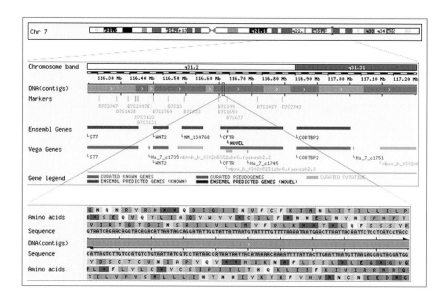

UCSC に は エ ボ ラ ウ イ ル ス の ゲ ノ ム ブ ラ ウ ザ ー が あ り, EBI に は EnsemblGenomes (`https://ensemblgenomes.org`) として, 脊椎動物以外のすべての生物種を対象としたデータが, Ensembl Bacteria, Ensembl Fungi, Ensembl Metazoa, Ensembl Plants, Ensembl Protists に分けられて, 2009 年から収集されている。2020 年現在, その生物種の数は約 5 万となっている。

　ゲノムブラウザーの基本的な使い方は, 遺伝子名やゲノムの領域を検索して, その遺伝子のコードされたゲノム上の領域を表示して, その領域にアノテーションされた情報を閲覧したり, 配列をダウンロードしたり, などである（参照）。さまざまな使い方を知りたい場合は, 統合 TV で 'UCSC' をキーワードに検索結果の動画を参照するとよいだろう。

 統合 TV

例えば,「UCSC Genome Browser で表示できるアノテーションを調べる 2018」
`https://doi.org/10.7875/togotv.2018.124`

　ゲノムブラウザーで特徴的なのは, 現在見ている領域につけられているさまざまな（ゲノム）アノテーションが表示されることである（図 2.14）。アノテーションとは注釈情報のことで, この場合はゲノム上のその位置に関する情報のことである。 例えば, その場所で知られているバリアント情報にどういうものがあるか, 生物種間でどれくらい保存されているか, などである。その各種ゲノムアノテーションのことを Track と呼ぶ（図 2.14）。

　デフォルトで提供されている Track の種類は, ゲノムブラウザーの種類（UCSC, Ensembl, NCBI のどれか）によって異なる。しかし, リファレンスゲノムのバージョン*が同一であれば, どのゲノムブラウザーであってもリファレンスゲノムの座標は同じであり, Track の情報もソースが同一であれば同じデータが表示されるはずである。

✳

2020 年 現 在, ヒ ト だ と GRCh38と呼ばれるバージョンのリファレンスゲノムがよく使われている。表 2.7 参照 (p.44)

　以下では, 主に UCSC のゲノムブラウザーをメインに解説する。当然ながら, リファレンスゲノムのバージョンが違えば Track の情報も変わってくるし, すべての Track がすべてのバージョンのリファレンスゲノムで用意されているわけでない。すなわち, 利用可能な Track の種類はリファレンスゲノムのバージョン（表 2.7）によって異なるということに注意すること。

多くの Track は表示されていない

　ヒトゲノム配列解読から 10 年以上経った 2020 年代においては, 非常に

表2.7　ヒト（左）とマウス（右）のリファレンスゲノムのバージョン名とリリース日

ヒト

Release name （バージョン名）	Date of release （リリース日）	UCSCでの 名称
GRCh38	Dec 2013	hg38
GRCh37	Feb 2009	hg19
NCBI Build 36.1	Mar 2006	hg18
NCBI Build 35	May 2004	hg17
NCBI Build 34	Jul 2003	hg16

マウス

Release name （バージョン名）	Date of release （リリース日）	UCSCでの 名称
GRCm39	Jun 2020	mm39
GRCm38	Dec 2011	mm10
NCBI Build 37	Jul 2007	mm9
NCBI Build 36	Feb 2006	mm8
NCBI Build 35	Aug 2005	mm7
NCBI Build 34	Mar 2005	mm6

2002年のマウスゲノムならびに2003年のヒトゲノムの完全解読後も、その頻度は下がっているものの、ヒトおよびマウスのリファレンスゲノムは更新されつづけている。2020年現在、よく使われるのは最新（hg38, mm10）とその1つ前のリリース（hg19, mm9）である。なお、2020年にマウスの新しいリファレンスゲノム、GRCm39が公開された。https://genome.ucsc.edu/FAQ/FAQreleases.html#release1 の表を改変

多様なアノテーション情報が利用可能となっている。そのため、**大多数のTrackはデフォルトでは非表示**となっている。その理由は、利用する研究者によって必要な情報が千差万別だからである。これまでに知られているバリアント情報を知りたい人もいれば、ChIP-seqにより得られた転写因子結合サイトが、今見ている領域のどこにあるのかだけを知りたい人もいるのである。

したがって、**自らの研究に有用なアノテーションを探し出し、情報を必要な粒度でゲノムブラウザ上に表示することが肝**となってくる。例えば、図2.14下のCOSMIC Regionsのボタンを 'hide'（非表示）から 'squish'（圧縮表示）にすると、Catalogue Of Somatic Mutations In Cancer（COSMIC）のTrackが追加され、現在見ているゲノム領域のどこに体細胞変異があったかが、一目でわかるようになる（**図2.15**）。図2.14と見比べると図2.15の下半分にその情報のTrackが追加されたことがわかる。

どんなTrackがあるかは、下に並んでいるボタンの一番左の 'track search' から可能である。また、たくさんTrackを追加していくと情報量が多くなりすぎて、かえって見づらくなったりした場合には、その右隣りにある 'default tracks' ボタンを使えば元に戻せる。

Ensembl も便利

　日本ではゲノムブラウザーというと UCSC が使われる傾向があるが，Ensembl も非常に秀逸なインタフェースを持ったゲノムブラウザーである（参照）。Ensembl がスタートしたのは，ヒトゲノム配列が解読される以前の 1999 年である。2020 年 11 月にリリースされた version102 には，約 300 種の生物種のゲノム配列とそれらに対するアノテーションが含まれている。ゲノムアノテーションは独自の手法でなされており*，**UCSC と同じゲノムアノテーションが載っているというわけではない**。ゲノムアノテーションのセカンドオピニオン的存在として役に立つ。図 2.14 の UCSC Genome Browser の上部メニューにある View → Ensembl とたどると，現在見ているのと同じ領域を Ensembl で見ることができる（図 2.16）。

　Ensembl がすばらしいのは，特に，**データの可視化**においてである。とくに Comparative genomics 関係の可視化が秀逸で，PPARG 遺伝子をコードする領域の各生物種でのそれぞれの保存度を可視化した図など，**さまざまな可視化が，クリックしていくだけで現れる**（図 2.17）。

　Ensembl は，独自の手順でゲノムアノテーションを行っており，その結果，独自の ID づけをしている。その ID 体系は，ヒトの場合 **ENSG** から始まるものが遺伝子，**ENST** が転写産物（transcript），**ENSP** がタンパク質，などとなっている。マウスの場合も同様に，**ENSMUSG** が遺伝子，**ENSMUST** が転写産物，**ENSMUSP** がタンパク質となっており，ID の頭文字を見るとなんの ID であるか一目でわかるようになっている。その他，ID の桁数が統一されている点も便利である。例えばヒト PPARG 遺伝子の場合，**ENSG00000132170** という具合に，**ENSG132170** とはせずに上の桁は 0 で埋められ，ID が固定長になっている。これは ID を検索する際に，意図した ID を持つ行だけを検索できるようにする工夫の 1 つである。すなわち，可変長だとデータが増えて **ENSG1321701** という ID が出てきた際に，これも **ENSG132170** というパターンでマッチしてしまうようになるが，0 を入れておけばそういうことは起こらないから，である。

 統合 TV

「Ensembl の使い方〜配列を取得する〜 2017」
https://doi.org/10.7875/togotv.2017.046

「Ensembl ゲノムブラウザを使って遺伝子の場所や周辺情報を調べる 2017」
https://doi.org/10.7875/togotv.2017.082

「Ensembl を使って，過去のバージョンのゲノムアノテーションを調べる」
https://doi.org/10.7875/togotv.2017.088

＊　Ensembl ゲノムブラウザーとは別に EnsemblGenomes ゲノムブラウザーがあるが，EnsemblGenomes は Ensembl の場合と異なり，それぞれの研究コミュニティーによるアノテーションをベースにデータが作成されている

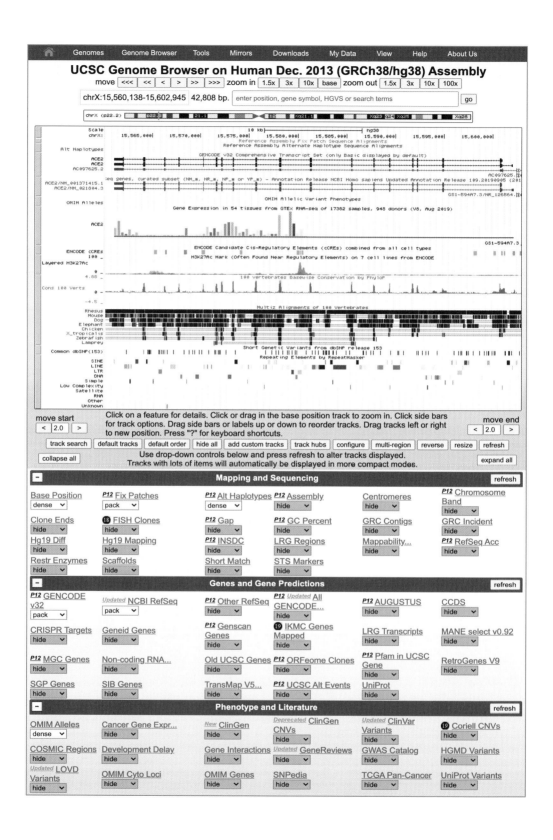

図2.14 UCSC Genome Browser（左ページの図）　上部が現在表示されているゲノム上の領域とその拡大図。それに対するゲノムアノテーションがTrackとして多数表示されている。Trackはこれで全部ではなく，下部のTrack一覧（これも一部）で'hide'以外になっているところが上図で表示されていることになる。Track一覧内にあるほとんどのTrackが表示されいないことがわかるだろう。COSMICのアノテーションも例外でなく，この図では表示されていない（図2.15と比較すること）。

図2.15　Trackを追加してカスタマイズしたUCSC Genome Browser　図2.14でCOSMIC RegionsのTrackを'hide'から'squish'に変更し，refreshボタンを押したあとに得られる図（上部のみ）。図の真ん中上部にCOSMICのTrackが追加され，表示された。'full'にするとさらに多くのCOSMICに関する情報がゲノムブラウザー上に表示される。

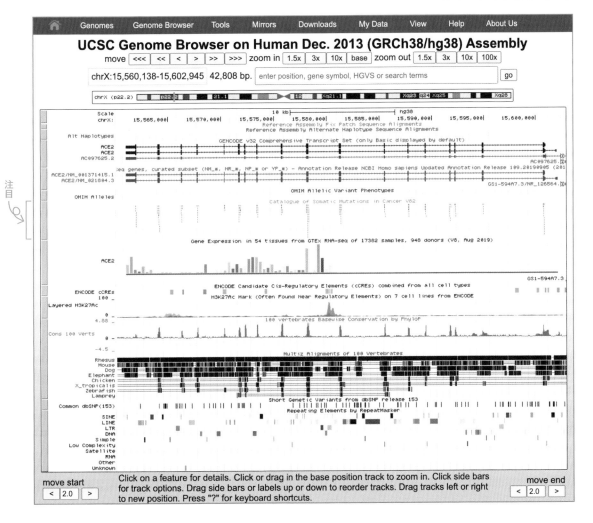

図2.16　図2.15に示した領域のEnsembl Genome Browserでのデフォルトの表示
図2.15に表示されているUCSC Genome Browserの該当領域のEnsembl Genome Browserのビュー。UCSCとは違った，EnsemblによるACE2遺伝子コード領域のゲノムアノテーションが閲覧できる。左メニューの'Configure this page'をクリックして，現在は表示されていないアノテーションを追加して表示することができるのは，UCSCと同じである。

次ページに続く

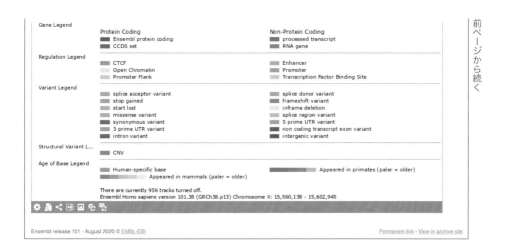

前ページから続く

図2.17　Ensemblの可視化の例　PPARG遺伝子に関してGeneTreeを可視化した図。Ensemblから‘PPARG’で検索してヒトのPPARGのページに移動後，左に現れるメニューの中からComparative GenomicsカテゴリーのGeneTreeをクリックし，出てくる図である。

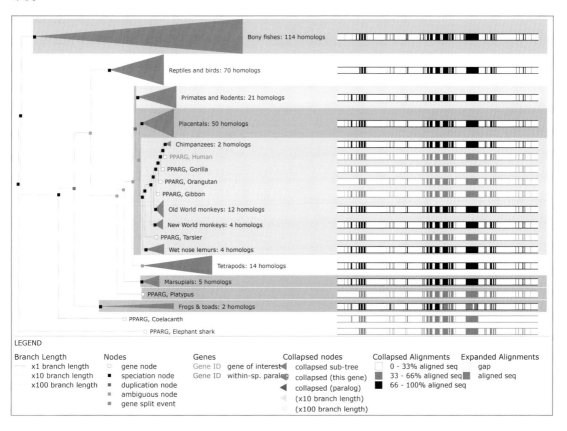

ゲノムブラウザーのミラーサイト

　オリジナルサイト以外に，UCSC は理化学研究所横浜事業所内にミラーサイトがある（https://genome.ucsc.edu/mirror.html）。また Ensembl は，Amazon Web Services 上 に ア ジ ア 版 ミ ラ ー が あ る（https://www.ensembl.org/info/about/mirrors.html）。両方とも，普通に日本から使っていると，自動的にミラーサイトに転送されるようになっている。かつては，これらのゲノムブラウザーは日本から遠いためにレスポンスが悪く，便利なのはわかっていても使うのをためらうことが多かったのだが，上述のミラーサーバーは物理的にも近いため，日本からでも高速にアクセスすることができるようになっている。

2.6　遺伝子発現データベース

遺伝子発現データベース

何て呼んだらいいの
dbEST
ディービーイーエスティー，
またはディーベストと呼ぶ

　DDBJ/ENA/GenBank の EST division を 集 め た DB で あ る dbEST が EST の DB として長らく利用されてきた。転写配列断片とはいえ，その採取組織でその配列が転写されていて，それが配列解読によって捉えられたというのは大きな動かぬ事実だったからである。その dbEST は現在 DDBJ/ENA/GenBank の 1division として取り込まれて今も維持されている。かつて dbEST を生物種ごとにまとめた DB として Bodymap-Xs があったが，そのデータは p. 57 で紹介する RefEx から利用可能である。

　また，マウスに関しては Jackson Laboratories の MGI（Mouse Genome Informatics）が長い間遺伝子発現情報を含む文献を DB 化しており，*in situ* hybridization の画像などを電子化し，利用可能な情報として発信してきている（http://www.informatics.jax.org/gxd）。

何て呼んだらいいの
GEO
ジオ，または
ゲオと呼ぶ
ArrayExpress
アレイエクスプレスと呼ぶ
CIBEX
サイベックスと呼ぶ
GEA
ジーイーエーと呼ぶ

　マイクロアレイデータに対しても，DB 化が図られてきた。NCBI の Gene Expression Omnibus（GEO）と EBI の ArrayExpress である。DDBJ では CIBEX という遺伝子発現 DB が作成されていたが，すでに登録を停止しており，DDBJ Genomic Expression Archive（GEA）という新たな DB に引き継がれている。GEO と ArrayExpress に関しては遺伝子発現 DB ということ

だが，発現定量以外にも，上述の ChIP-chip といったマイクロアレイを使ったさまざまな実験のデータも受け入れている（https://www.ebi.ac.uk/arrayexpress/help/experiment_types.html）。

　GEO はもともとはマイクロアレイデータの DB として，表 2.8 に示すような ID をもつデータから構成されている。初期の頃は解決済みデータ（processed data）のみのエントリもあったが，その後マイクロアレイスキャナーから出力される生データも含めて登録されるようになってきている。解決済みデータを再利用することも，正規化（normalization）の段階から自前でやり直して再利用することも可能である（参照）。

　次世代シークエンサーの登場により，RNA-seq（transcriptome sequencing）の実験から得られた遺伝子発現データや，ChIP-seq によるデータなどの機能ゲノミクス関係のデータも GEO に登録されるようになり，表の ID に加えて SRA の ID も対応付けられるようになった。例えば，**GSE74377** に対して，SRA の study ID の **SRP065305** などである。また，GEO に登録されたデータは，SRA にリンクがあるものに限らず，マイクロアレイによるものであっても Bioproject や Biosample の ID が付けられている。そのため，必要なデータに行き着くには ID をいくつかたどらないとわからないという事態が頻発している。

　ArrayExpress *は GEO よりもずっとシンプルな構造で，一連の実験とマイクロアレイデザインを表す ID が，それぞれ **E-XXXX-n** と **A-XXXX-n**（XXXX は 4 文字の code，n は数字を表す）としてつけられている（例：

 統合 TV

「NCBI GEO の使い方 1 ～マイクロアレイデータの検索・取得～ 2017」
https://doi.org/10.7875/togotv.2017.002

＊

ArrayExpress は，2021 年春に BioStudies というデータベースに統合化されることが，2020 年 10 月に発表された。

表 2.8　NCBI GEO の ID の種類とその意味

Accession code	名前の由来	説明	例
GSE	Series	一連の実験	**GSE17264**
GPL	Platforms	プラットフォーム（マイクロアレイの種類）	**GPL3533**
GSM	Samples	マイクロアレイ実験に用いたサンプル	**GSM432410**
GDS	Datasets	キュレーションされたデータセット	**GDS5810**

論文中でよく記載を見かけるのは，GSE からはじまる GEO Series の ID で，そこから個別のサンプルの記述や個々の実験結果がリンクされている。

E-MEXP-568, **A-UHNC-18**）。この 4 文字の accession code に関しては意味が込められており，例えば **GEOD** であると，上記の NCBI GEO からのデータという具合になっている（**MEXP** と **UHNC** については，一覧を参照。一覧：https://www.ebi.ac.uk/arrayexpress/help/accession_codes.html）。

　　GEO と ArrayExpress に関しては，それぞれ NCBI と EBI が運営してはいるものの，上述の国際塩基配列 DB のようなデータの交換は行われてこなかった。GEO で公開されたデータを ArrayExpress が毎週取り込んでいた時期もあったが，現在ではそれは中止されている。したがって，公共発現データを調べるには，それぞれのデータベースを参照しなければならない状況となっている*。GEO から取り込まれたデータ（例えば，**GSE74377**）は，ArrayExpress では上述の accession code が 'GEOD'，すなわち ID が **E-GEOD-** 数字（この例の場合，**E-GEOD-74377**）になっており，ID を見れば一目でそれとわかるようにはなっている。

発現アレイデータの再利用：目的の遺伝子の発現を調べる

　　上記の事情により，**発現データなどのオミックスデータを検索するのにはGEO と ArrayExpress を併用することをおすすめする**。GEO は NCBI の統合化されたインターフェースとなっている一方，ArrayExpress は，キーワード検索に関して優れている。その Index の作成は DB エントリのタイトル行だけでなく，DB エントリの中まで深く行き届いている。また，EFO（Experimental Factor Ontology）によって入力したクエリは同義語と EFO の配下の語彙も同時に検索するようになっている。例えば，'cancer' と入力した場合，EFO での下の階層の語彙が自動的に表示される（図 2.18）。それらを選ぶことで絞り込み検索が可能である。

　　また，検索結果はデフォルトでは 'Released'（リリース）の新しいもの順に並んでいるが，それ以外の属性値でもソート可能で，たとえばそのエントリが何回見られたかという 'Views' でソートするとよく見られているエントリ順に結果を眺められる（図 2.19 下部）。Accession をクリックするとそのエントリの詳細が表示され，このエントリに関する記述や文献情報，生データ（Raw data）や解析済みデータ（processed data）などへのリンクがまとめられている（図 2.19）。

✱ 公共の遺伝子発現データベースを統合的に検索するための目次として，DBCLS/NBDCにおいてAOE（All of gene expression; https://aoe.dbcls.jp/）が作成され，維持管理されている。

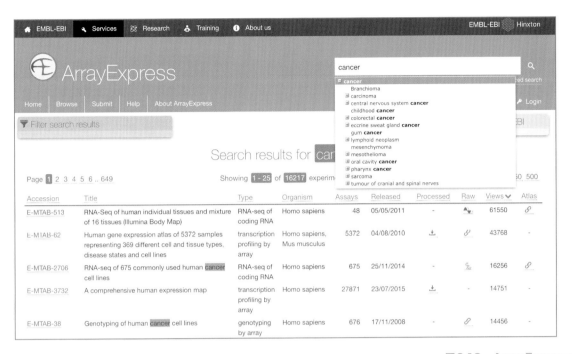

図2.18 **ArrayExpress検索結果** 'cancer'と入力すると候補となる検索語が提案される（右上）。このサブウインドウのプラスをクリックするとさらに配下の語彙を閲覧，選択できる。Titleカラムでハイライトされていないのに検索結果にリストされているのは，詳細結果でcancerやその同義語や，EFOでのその配下の語彙がヒットしてきたからである。

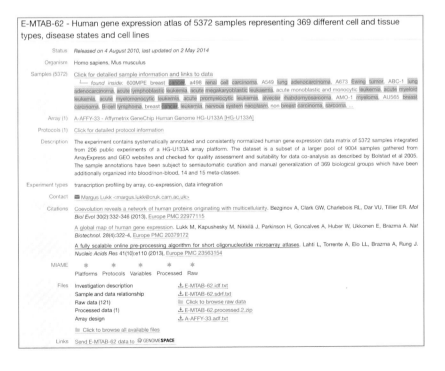

図2.19 **ArrayExpress詳細画面** 検索語に関するハイライト表示はどったページでも有効になっている。このエントリに関するさまざまな情報，特にサンプルの情報や生データ，そして解析済みデータがあれば，そのリンクがまとめられている。

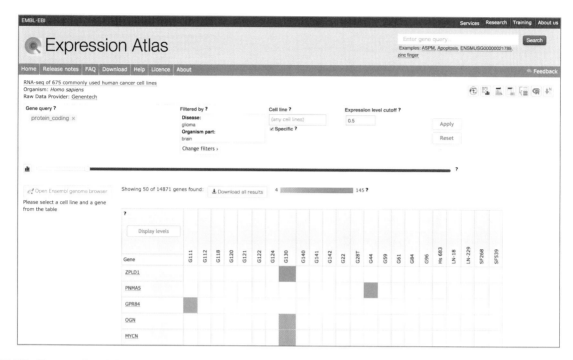

図2.20　Expression Atlas の図　見つけたデータに Expression Atlasへのリンクがあると，各サンプルごとに発現定量されヒートマップで可視化されたこのような表が，ウェブ上から閲覧可能となる。

　図 2.18 の Atlas カラムにアイコンが表示されているエントリに関しては，EBI で構築されている Expression Atlas（http://www.ebi.ac.uk/gxa/home）のデータが利用可能である。Expression Atlas とは，ArrayExpress に収められたデータが EBI でキュレーションされ，データ再解析がなされた DB である（図 2.20）。

ChIP-seq データの再利用とその他の遺伝子発現データベース

　現状，NCBI GEO と EBI ArrayExpress には遺伝子発現データ以外のデータも入っており，まるでオミックス解析のデータのアーカイブという状況である。例えば ChIP-seq データなどのオミックス解析のデータが多数登録されているのである。これはそういったデータを公共 DB に登録するのが論文掲載の条件ということに加え，他の研究者に再利用してもらうことによりそのデータの価値を高められるというメリットもあるからだろう。例えば，ある論文の Supplementary data として出された，転写因子の結合した配列のリファレンスゲノムへのマッピング結果が，すぐに再利用できる。図 2.21 にあるように GEO エントリーの一番下の Supplementary file にそれがあっ

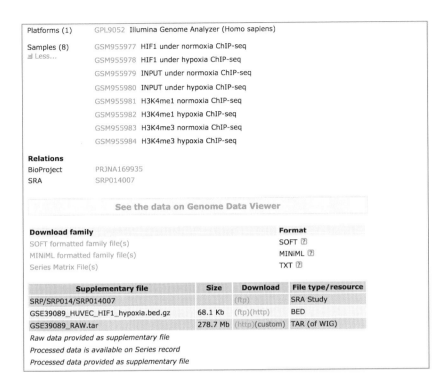

図2.21 GEO の Supplementary file の例
Samples からたどれる生データをもとに ChIP-seq の計算をするのもよいが，手っ取り早い方法としては，Supplementary file を探して，その BED 形式のファイルをゲノムブラウザーに Custom Track として追加してみるのがよい。

たらしめたものである。それを UCSC Genome Browser 上で，そのマッピングの際に用いられたバージョンのリファレンスゲノムを選択し，Custom track のソースファイルとして指定して，可視化する（図 2.22）。それで自分のほしい情報がゲノムブラウザー上で常駐するようになる。

このように ChIP-seq の実験によって出てきたデータは再利用性が高く，公共 DB にある ChIP-seq データを前もって計算し，利用しやすくした二次的 DB として ChIP-Atlas が作成され，維持管理されている（https://chip-atlas.org/）。

ただ，すべての発現データが NCBI GEO と EBI ArrayExpress に入っているわけではない。がんゲノム関係のデータなど，ビッグプロジェクトによって作成されたデータは，そのサイトからしかアクセスできなかったりするものもある。また，SRA に登録されているものの ArrayExpress には登録されていない RNA-seq データも一部存在している。

これまで，遺伝子発現情報のリファレンス DB として，BioGPS（かつて

？ 何て呼んだらいいの
BioGPS
バイオジーピーエスと呼ぶ

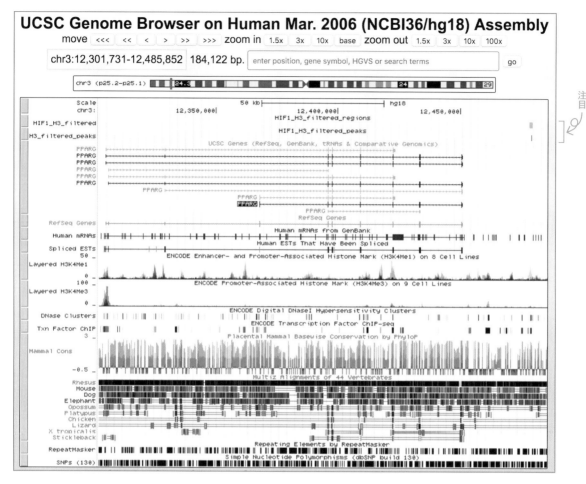

図2.22　UCSC Genome Browserでの可視化　この例では，図の一番上に表示されている通り，NCBI36/hg18というバージョンのリファレンスゲノムが用いられている。一番上にHIF1_H3_filteredとH3_filtered_peaksという名前のTrackとして，現在見ている領域にあれば，ピークが検出された場所が表示される。

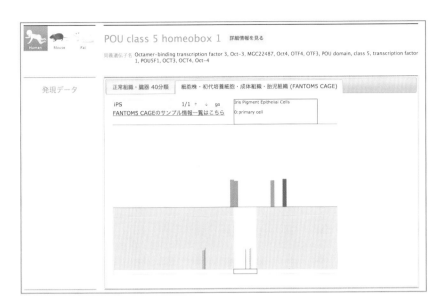

図2.23　RefExで見たOCT4の遺伝子発現プロファイル

は GNF SymAtlas と呼ばれていた）がよく使われてきた。Affymetrix の GeneChip というマイクロアレイによるさまざまな正常組織での遺伝子発現データが利用可能で，ウェブインターフェースも優れていた（参照）。

　BioGPS にある EST（GeneChip 以外）のカウント数や RNA-seq による遺伝子発現測定手法による結果を統合し，あわせて表示してみようということで，Reference Expression dataset（RefEx）が日本の統合 DB プロジェクトで作成，維持されている。文字通り，ヒトとマウス，ラットに関して正常 40 組織の遺伝子発現情報のリファレンスデータセットとその可視化手段を提供するものである（参照）。また最近，理化学研究所の FANTOM プロジェクトによる CAGE データも統合，可視化を実現している。非常に多くのサンプルに対する測定結果があり，ヒト 556 種，マウス 286 種の正常組織や初代培養細胞，セルラインの遺伝子発現データが閲覧できる。例えば，RefEx で OCT4 遺伝子の発現情報を見てみると，非常に限られた組織でしか発現がないことがわかる（図 2.23）。

　Genotype-Tissue Expression（GTEx）は，ヒトの 53 種類の組織における遺伝子発現情報のリソースで，個人の transcriptome データがそこから利用可能である。例えば，ALDH2 というアルコールをアルデヒドにする酵素の遺伝子を見るとその発現は Liver（肝臓）で高いということだけでなく，個人差があることがよくわかる（図 2.24）。

❓　何て呼んだらいいの

GNF SymAtlas
ジーエヌエフシムアトラスと呼ぶ
RefEx
レフェックスと呼ぶ

▶ 統合 TV
「遺伝子発現プロファイルデータベース BioGPS を使い倒す 2012」
https://doi.org/10.7875/togotv.2012.075

▶ 統合 TV
「RefEx の使い方」
https://doi.org/10.7875/togotv.2014.009

❓　何て呼んだらいいの

GTEx
ジーテックスと呼ぶ

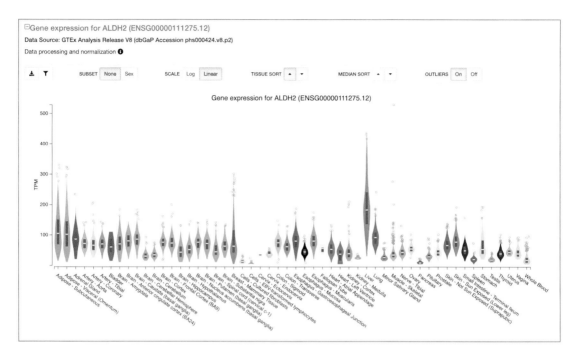

**図2.24　GTExで見たALDH2
の遺伝子発現プロファイル**

2.7　遺伝子バリアントと表現型のデータベース

　異なる表現型（phenotype）をもつ個体間に見られる相違の原因を遺伝子
型（genotype）に求め，昔からさまざまな手法を用いて研究が行われてきた。
例えば，制限酵素認識サイトに多型があった際に，それが切断されなくなる
ことでDNA断片が長くなり，それが電気泳動で流したにときに異なるパター
ンとして現れることを利用した多型検出方法の制限断片長多型（Restriction
Fragment Length Polymophism：RFLP）がそうである。大量塩基配列決
定が可能となった今，それを直接塩基配列解読で解明することが行われてい
る。特に1塩基だけ異なる多型は，SNP（Single Nucleotide
Polymorphismの略語）と呼ばれ，ゲノム配列中に最もよく見られる変異（バ
リアント）である。

　SNPを含む短い遺伝子多型に関しては，NCBIのdbSNPに登録されてき
た（`https://www.ncbi.nlm.nih.gov/projects/SNP/`）。登録すると，**rs**
（Reference SNPという意味）から始まるID（例：**rs671**）がつけられ，論
文中にもこのrsIDで特定のSNPに関して言及されることが多い。

？　何て呼んだらいいの

RFLP
アールエフエルピー，または
リフリップと呼ぶ
SNP
エスエヌピー，または
スニップと呼ぶ
dbSNP
ディービーエスエヌピー，また
はディ　ビ　スニップと呼ぶ

また，dbVar というゲノムの構造バリアントの DB もあり，挿入，欠失，重複，逆位，転位因子の挿入，転座，複雑な染色体の再編成に関するデータが収められている（`https://www.ncbi.nlm.nih.gov/dbvar`）。NCBI は 2017 年 9 月 1 日をもって，dbSNP と dbVar でのヒト以外のバリアント情報のサポートをやめることを，2017 年 5 月にアナウンスした。また，EBI の European Variation Archive（EVA）がヒト以外の生物種に関して rsID の発行を代わりに行うと，同時にアナウンスされた（`http://www.ebi.ac.uk/eva/`）。

かつてはヒトの遺伝病関係のデータは，OMIM（Online Mendelian Inheritance in Man）にまとめられており，以前は NCBI の検索インターフェースを通してアクセスできた。最近では，OMIM は創始者の Victor A. McKusick の死後，Johns Hopkins University の管理となり，NCBI とは別のサイトで運営されている（`https://www.omim.org`）。現在でも OMIM は NCBI でデータ検索可能だが，NCBI では，OMIM 以外の DB の充実化もはかられている。「2.4 塩基配列データベース」で言及した dbGaP には，ヒトの遺伝子型と表現型の関係を調べた研究から得られたデータと結果がアーカイブされ，配布されている。また，ClinVar はゲノム上の変異とヒトの健康との関連情報を集めたサイトである。さらに，MedGen には，遺伝が寄与する条件のような，ヒトの遺伝学に関連した医学情報がまとめられている。

SNP 情報の具体的な利用例として，ゲノムワイド関連解析（Genome-Wide Association Study：GWAS）という，ゲノム全体をほぼカバーするような，50 万個以上の SNP の遺伝子型を決定し，主に SNP の頻度（対立遺伝子や遺伝子型）と疾患や量的形質との関連を統計的に調べる方法がある。この GWAS によって発表されたヒト疾患関連の結果をまとめた GWAS Catalog（`https://www.ebi.ac.uk/gwas/`）が EBI と NHGRI＊によって作成されている。これまでは論文からの情報が GWAS Catalog にまとめられていたのであるが，2020 年からは論文発表されていない GWAS のデータも登録できるように変更された。

? 何て呼んだらいいの

EVA
イーヴァと呼ぶ
OMIM
オーミムと呼ぶ

? 何て呼んだらいいの

ClinVar
クリンバーと呼ぶ
MedGen
メドジェンと呼ぶ
GWAS
ジーワスと呼ぶ

＊

NHGRI は，National Human Genome Research Institute の略で，名前の通り国立ヒトゲノム研究所。NIH の研究所の 1 つ。

2.8 タンパク質データベース

タンパク質一次構造

 統合TV

「UniProtを使って，タンパク質の
アミノ酸配列とその機能情報を横
断的・網羅的に調べる」
https://doi.org/10.7875/
togotv.2017.087

✱

タンパク質一次構造データ
ベースに掲載されているタ
ンパク質配列であっても多
くの場合，アミノ酸配列を
直接配列決定したデータで
なく，塩基配列から翻訳し
て得たアミノ酸配列データ
である。

　一次構造という言い方があまり使われなくなったが，一次構造とはいわゆ
るタンパク質配列（アミノ酸配列）のことである。第1章でもふれたように，
それまで別々に運用されてきたタンパク質一次構造DBのPIR，SwissProt，
TrEMBLが，2002年にUniProtとして統合された。それまでのSwissProt
はUniProtKBとして残り，キュレーションされた質の高いタンパク質DBと
して現在も利用されている（▶参照）。例えば，ヒトのFIHという遺伝子がコー
ドするタンパク質の場合，

　ID: HIF1N_HUMAN

　Accession: Q9NWT6

　https://www.uniprot.org/uniprot/Q9NWT6

というレコードに記述されており，すでに解明されたタンパク質三次元構造
や，知られているmutation（変異）の情報などが詳細にDBに記載されてい
る✱（図2.25）。

**図2.25　UniProtKBのエン
トリの実例**　Formatボタンか
らフラットファイル形式の
データエントリや配列情報だ
けをFASTA形式で得られる。
また，BLASTボタンからはこ
の配列を質問配列とした
BLAST検索が可能である。

タンパク質二次構造——配列モチーフ・ドメイン・ファミリー

　タンパク質には α ヘリックスや β ストランドといった二次構造があり，それらはアミノ酸配列の組成から予測可能となっている。そういった二次構造の組み合わせのパターンとして，モチーフと呼ばれる進化的に保存された配列パターンが存在する。モチーフとは，もともとは音楽形式を構成する最小単位という意味で，そこから転じて使われている。同様の意味をもつ言葉として，ドメインがあるが，イメージとしては，ドメインはモチーフよりも少々大きな領域を意味する。ファミリーは，似た機能をもつ配列的特徴が似ているタンパク質群という意味である。明確な定義はないが，実際に配列データ解析やっていて感じるそれらのイメージは，そのアミノ酸の長さで比較すると，

　モチーフ＜ドメイン＜ファミリー＜スーパーファミリー

といった感じである。

　それらの DB として PROSITE（`https://prosite.expasy.org/`）が古くから存在し，使われてきた。PROSITE には，タンパク質ドメインに関するドキュメントからなる（図2.26）。それに加えて，位置特異的スコア行列（PSSM: Position Specific Score Matrix）や，コンセンサスパターンに関する記述

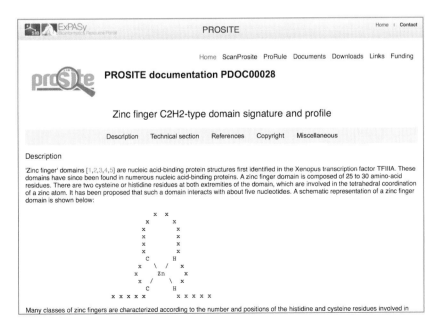

図2.26　PROSITEのエントリの例：PDOC00028（Zinc finger C2H2-type domain signature and profile）　タンパク質ドメインに関するドキュメントで，Zinc fingerドメインについて，アスキーアートで説明図が描かれている（`https://prosite.expasy.org/PDOC00028`より）

図2.27 PROSITEのエント
リ PS50157 (Zinc finger
C2H2 type domain
profile) の位置特異的スコア
行列 これに対応するコンセ
ンサス配列も記述されている。
C-x（2,4）-C-x（3）
-[LIVMFYWC]-x（8）-H-x
（3,5）-H
となっており，そのパターンの
DBエントリ（PS00028; Zinc
finger C2H2 type domain
signature）には2つのCと2つ
のHに亜鉛が配位する，と記載
されている。https://prosite.
expasy.org/PS50157より

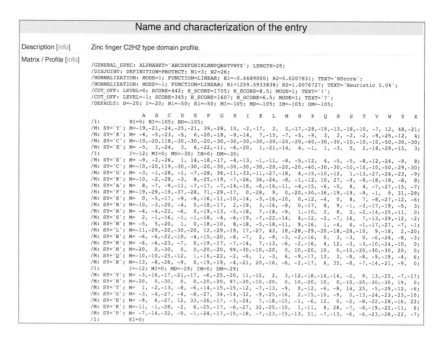

があるエントリもある（図2.27）。位置特異的スコア行列を使ったタンパク
質ドメインの検索に関しては，第5章で詳しく説明する。

PROSITE以外にもさまざまな手法によるデータ解析の結果，さまざまなタ
ンパク質モチーフ・ドメイン・ファミリーDBが作成されてきた。例えば，
タンパク質ファミリーのDB，Pfam（https://pfam.xfam.org/）は，
HMM（Hidden Markov Model）によるプロファイルHMMを各種タンパク
質ドメインやモチーフに対して作成しており，HMMERというプロファイル
HMMを用いた配列データ解析ツールを使ってそれらの検索が可能である（
参照）。また，PfamではUniProtKBのAccession番号を入力することでそ
の配列に対するタンパク質ドメイン検索の計算済みの結果を閲覧することが
できる。いちいち配列DBからアミノ酸配列を取得してきて検索フォームに
入力して計算結果を待つ，といった必要がない（図2.28）。

2020年11月現在，Pfamのコンテンツの一部がwikipedia化されている。
すなわち，wikipediaの一部が，PfamのDBそのものになっているというこ
とであり，誰でも参加して書き込むことが可能である。

それらのタンパク質ファミリーDBを統合化し，アライアンス（同盟）を

？ 何て呼んだらいいの

Pfam
ピーファムと呼ぶ

◁ HMMは，p.143の「それっ
て何だっけ」参照

 統合TV

「Pfamを使ってタンパク質のドメ
インを調べる」
https://doi.org/10.7875/
togotv.2017.125

Pfam domains

This image shows the arrangement of the Pfam domains that we found on this sequence. Clicking on a domain will take you to the page describing that Pfam entry. The table below gives the domain boundaries for each of the domains. **Less...**

E-values are based on searching the Pfam-A family against UniProtKB 2016_10 using hmmsearch.

Download the data used to generate the domain graphic in JSON format.

Source	Domain	Start	End	Gathering threshold (bits)		Score (bits)		E-value	
				Sequence	Domain	Sequence	Domain	Sequence	Domain
disorder	n/a	1	28	n/a	n/a	n/a	n/a	n/a	n/a
low_complexity	n/a	9	22	n/a	n/a	n/a	n/a	n/a	n/a
low_complexity	n/a	15	34	n/a	n/a	n/a	n/a	n/a	n/a
Pfam	PAS	90	188	22.60	22.60	57.60	24.50	1.6e-12	0.032
disorder	n/a	150	155	n/a	n/a	n/a	n/a	n/a	n/a
Pfam	PAS_3	252	339	25.60	25.60	98.20	76.80	3.7e-25	1.7e-18
disorder	n/a	372	374	n/a	n/a	n/a	n/a	n/a	n/a
disorder	n/a	386	387	n/a	n/a	n/a	n/a	n/a	n/a
disorder	n/a	410	434	n/a	n/a	n/a	n/a	n/a	n/a
disorder	n/a	441	521	n/a	n/a	n/a	n/a	n/a	n/a
disorder	n/a	542	565	n/a	n/a	n/a	n/a	n/a	n/a
Pfam	HIF-1	551	581	17.80	17.80	56.60	55.30	1.8e-12	4.4e-12
disorder	n/a	573	627	n/a	n/a	n/a	n/a	n/a	n/a
low_complexity	n/a	578	596	n/a	n/a	n/a	n/a	n/a	n/a
low_complexity	n/a	610	620	n/a	n/a	n/a	n/a	n/a	n/a
disorder	n/a	631	699	n/a	n/a	n/a	n/a	n/a	n/a
disorder	n/a	701	719	n/a	n/a	n/a	n/a	n/a	n/a
disorder	n/a	722	725	n/a	n/a	n/a	n/a	n/a	n/a
disorder	n/a	732	734	n/a	n/a	n/a	n/a	n/a	n/a
disorder	n/a	745	746	n/a	n/a	n/a	n/a	n/a	n/a
disorder	n/a	748	754	n/a	n/a	n/a	n/a	n/a	n/a
disorder	n/a	756	759	n/a	n/a	n/a	n/a	n/a	n/a
Pfam	HIF-1a_CTAD	789	825	25.00	25.00	77.90	76.90	4.4e-19	9.3e-19

図2.28　UniProtKB: Q166655エントリに対するPfamのWebページ　Pfamでは DB に登録済みの配列に対して，タンパク質ドメイン計算済みの結果がすぐに閲覧できる。そのドメイン構成のわかりやすい可視化もなされている。`https://pfam.xfam.org/protein/Q16665` より

結ぶ動きが 2000 年頃からあった。その結果 InterPro が組織され，2020 年 11 月現在 13 の DB が Interpro コンソーシアムに参加している。そのポータルサイトは EBI にある（`https://www.ebi.ac.uk/interpro/`）。InterPro に参加している DB は，それぞれ検索手法は異なるものの，InterPro のウェブサイトから統合的なデータ検索が可能となっている。そのデータ検索プログラムは interproscan と呼ばれ，アミノ酸配列を入力すると各タンパク質ファミリーの DB に統合検索ができるようになっていて，使う側にとっては大変便利になっている（参照）。

タンパク質三次構造

　1971 年に米国 Brookhaven National Laboratory に Protein Data Bank（PDB）が開始されて以来，タンパク質三次構造（立体構造）の DB は，この PDB 一択である。登録数が多くなってきたこともあり，2000 年に大阪大学が PDB のデータ登録センターを開設し，2003 年に worldwide PDB（wwPDB）

統合 TV
「InterProを使ってアミノ酸配列からタンパク質の機能を予測する」
`https://doi.org/10.7875/togotv.2015.016`

が設立された（https://doi.org/10.1016/j.str.2012.01.010）。

　現在，日本からは大阪大学蛋白質研究所の PDBj が，米国では PDBj 以外に RCSB PDB（Research Collaboratory for Structural Bioinformatics Protein Data Bank），BMRB（Biological Magnetic Resonance Data Bank），PDBe（Protein Data Bank in Europe）が wwPDB を担っており，2020 年 11 月現在，約 17 万件のデータが公開されている。

　1970 年代から使われてきた PDB フォーマットに替わる新しい標準フォーマット（PDBx/mmCIF）が 2014 年より本格的に使われている（https://pdbj.org/info/new-format）。PDB へのデータ登録（deposit）には，OneDep と呼ばれるシステムを使って，どういった実験タイプかを選んで登録する。その際，ORCID（https://orcid.org/）という研究者の ID が必須事項となっている。

　毎週水曜日 0:00（日本時間 9:00）に世界同時に新しいデータが公開され，PDB が更新される。論文公表より先に PDB に登録されるため，どういったタンパク質の構造の論文が出るかが予測され，twitter のタイムラインを賑わしている（参照）。

統合 TV

「PDB の Unreloaεod Entrieε から未発表のタンパク質構造情報を調べる」
https://doi.org/10.7875/togotv.2013.037

　これまではタンパク質を結晶化しないと構造情報が得られなかったのだが，近年，クライオ電子顕微鏡のデータから構造情報が得られる技術開発がなされた。この方法では結晶化しなくても構造情報が得られるため，より多くの構造データが登録されるようになった。生命科学 DB としても今後の動向が注目される分野となっている。

タンパク質の発現情報

　最近では，タンパク質の発現を質量分析計（mass spectrometer）によって測定する手法も発達してきた。タンパク質（protein）の総体（-ome）ということで，プロテオーム（proteome）と呼ばれている。2010 年代になって，ProteomeXchange と呼ばれるコンソーシアムが立ち上がった（http://www.proteomexchange.org/）。そのコンソーシアムは 2016 年より機能しており，質量分析によるプロテオームデータの，プロテオーム DB への世界的に統合された登録を実現し，各 DB 間のデータの交換を促進する役目を

？ 何て呼んだらいいの

ProteomeXchange
プロテオームエクスチェンジと呼ぶ

担っている。これらのプロテオーム DB とは，

- PRoteomics IDEntifications Database（PRIDE）
- PeptideAtlas
- Mass spectrometry Interactive Virtual Environment（MassIVE）
- Japan ProteOme STandard Repository/Database（jPOST）
- Integrated Proteome Resources（iProX）
- Panorama

の 6 つである。国際塩基配列 DB の INSDC のように，一か所に登録すると他の DB にもデータが登録されるよう，2020 年 11 月現在取り組んでいる。日本からも京都大学を中心とするグループによる DB，jPOST がそれに参画しており，今後のプロテオームデータのアーカイブに寄与していくことが期待される。

　一方，タンパク質の発現は，抗体を使ったウェスタンブロッティングによって測定されるのが現在の標準となっている。その手法によるタンパク質の発現情報を DB 化しているサイトがあり，HumanProteinAtlas（https://www.proteinatlas.org/）と呼ばれるものである。最近ではトランスクリプトーム解析によるデータとあわせて閲覧できるようになっている（参照）。2020 年 3 月 6 日更新のバージョン 19.3 によると，17,058 種類のタンパク質に対する 26,371 種類の抗体を元にしたタンパク質発現情報と，正常組織とセルラインサンプルによる遺伝子発現情報がこのサイトから閲覧可能となっている。

▶ 統合 TV

「The Human Protein Atlas でヒトのタンパク質の発現情報をRNA-seqデータ，画像データとともに調べる2017」
https://doi.org/10.7875/togotv.2017.078

その他

　もちろん，上記以外にもメタボロームなどのデータを公共 DB 化する動きはあるが，実際に公共 DB として維持されているのは上記の種類のデータだけである。

　それ以外の種類のデータを公共 DB アーカイブに登録するには，figshareや Dryad を利用する手段がある。それらの DB に登録し，その ID やデジタルオブジェクト識別子（Digital Object Identifier：DOI）を取得して，自らのデータをオープンデータにするわけである（次ページのコラム参照）。

 何て呼んだらいいの

figshare
フィグシェアと呼ぶ
Dryad
ドライアッドと呼ぶ

> **コラム**
>
> # DOIとデータ引用（citation）
>
> DOIはこれまで論文に対して付与されてきたが，データに対しても付与されるようになってきている。例えば，統合TVの動画データに関してもDOIがすべてつけられている。塩基配列や質量分析のスペクトルデータといった生データだけでなく，データ解析して得られた二次的なデータに対しても，figshareやdryadといったデータレポジトリにアーカイブしてDOIが付与される，という状況になってきている（参照）。データを中心とした論文も増えてきており，Scientific DataやGigaScienceといったデータジャーナルがデータを中心とする論文を出版し，注目されている。
>
> このような状況のなか，以前からある論文誌上でも論文を引用するのと同様に，データを引用することが提唱され，データ引用の際にどう記載するかが議論されはじめている。2017年3月にThe New England Journal of Medicine に掲載された論文 'Data Authorship as an Incentive to Data Sharing'（http://doi.org/10.1056/NEJMsb1616595）には，「データ共有に関わるインセンティブとして Data Authorshipを」，というわかりやすい考え方が提唱された。データを出した人を尊重しつつ，それを再利用し，科学の発展を加速する，という流れで進んでいくことを祈念してやまない。

統合 TV

「figshareの使い方」
https://doi.org/10.7875/
togotv.2016.034

2.9 文献データベース

配列データ解析で得られた結果を評価する際に文献情報は直接的にも間接的にも役に立つ。文献 DB の現状とそれらを利用した各種サービスを紹介する。

PubMed

NIH の下部組織 NLM（National Library of Medicine）が蓄積している論文抄録（Abstract）の DB で，2020 年 11 月現在，約 3,200 万件登録されている。生命科学に関係ある論文はほぼ網羅されており，現状，この DB への検索＝文献検索となっている（参照）。

統合 TV

「PubMedを使って論文を検索する」
https://doi.org/10.7875/
togotv.2020.053

また，MeSH（Medical Subject Headings）と呼ばれる NLM が付与する制限語彙シソーラス（意味概念を手がかりに語を検索できるようにした類義語・反義語・関連語辞典）によって PubMed の論文はインデックスされており，文献検索の絞り込みなどにこの MeSH が活用される。以下のウェブサイ

トからこれらをすべてダウンロードして使うことが可能となっている
（https://www.nlm.nih.gov/databases/download/pubmed_medline.
html）。

PMC

　PMC とは，PubMed Central の頭文字で，論文全文の DB である（参照）。2020 年 11 月現在，約 660 万件が登録されており，PubMed の 2 割であるが，引用論文も含んだ論文全文のデータは貴重なテキストマイニングのためのリソースとなっている。NIH の予算でなされた研究の成果論文はすべてここに収められるようになっており，そのおかげで最近の研究の多くは PMC にも論文全文がある。

統合 TV
「PMC (PubMedCentral) の使い方」
https://doi.org/10.7875/togotv.2017.122

PubMed の情報を利用したサービス

　DBCLS では PubMed や PMC の論文情報を利用したサービスをいくつか提供している。まず一つ目は Allie というサービスで，初学者の第一のハードルである略語に関して，PubMed および PMC の文献データを利用することでその辞書を作成し，そのウェブインターフェースを公開している（https://allie.dbcls.jp/）。わかりやすくいうと，Pubmed や Medline のデータ（＝論文）の中に，例えば，'iPS (induced pluripotent stem)' といった記述を探し出し，略語を機械的に収集している。そしてそれがあった論文の出版年やどういった分野の論文であるかといった属性情報も収集することによって，その略語が初出の論文や，共起略語やその使われている分野，その頻度情報など，周辺情報がまとめられている（参照）。生命科学分野の略語に対しては，この Allie が有効である。

　また，論文の全文が公開されているものに対してはその引用関係が検索可能である。Colil ではそのデータを活かし，特定の論文に対して何回引用されたかだけでなく，それがどのコンテクストで引用されていたかなどをまとめて情報を提供している（https://colil.dbcls.jp/）（参照）。

　最後に，論文テキストに対するインクリメンタルサーチを提供している inMeXes と呼ばれるウェブツールがある。その検索語を含む文例も表示され，論文でよく使われる言い回しやコロケーションが検索可能である（https://

？　何て呼んだらいいの
Allie
アリーと呼ぶ

統合 TV
「Allie を使って略語の正式名称を検索する2017」
https://doi.org/10.7875/togotv.2017.104

？　何て呼んだらいいの
Colil
コリルと呼ぶ
inMeXes
インメクセスと呼ぶ

統合 TV
「Colilを使って論文の引用情報を検索する」
https://doi.org/10.7875/togotv.2015.015

統合 TV

「inMeXesを使って文献に頻出する英語表現や関連語を高速に検索する 2018」
https://doi.org/10.7875/togotv.2018.026

docman.dbcls.jp/im/）（参照）。

　また，gene2pubmed というデータが NCBI で作成，維持されている（ftp://ftp.ncbi.nlm.nih.gov/gene/DATA/gene2pubmed.gz）。これは PubMed にある文献で言及されている遺伝子との関係を記述した二項関係のファイルである。これを使うと，すべての遺伝子ごとの PubMed での出現回数が計算でき，それをその遺伝子の注目度と捉えることができる。RefEx では，その頻度情報を遺伝子のソートの際に選べるようにしている。

3 データの形式とその取り扱い方

　次世代シークエンサー（NGS）の出現にともない，使われるデータの形式はそれ以前と比べて様変わりした。NGS から出力される配列フォーマットのデファクトスタンダードとして FASTQ フォーマットが使われるようになり，それらの配列データをリファレンスゲノム配列に対してアラインメントした結果のファイルは SAM/BAM フォーマットと呼ばれる新しい形式が使われるようになった。また NGS によって遺伝子型を大量に決められるようになったため，遺伝子バリアントを記述するための形式である VCF フォーマットも流通するようになった。本章ではそれらの，生命科学分野で 2020 年現在よく使われるデータの形式（フォーマットともいう）を解説する。それらのデータを取り扱うためには以下に詳しく述べるように UNIX コマンドラインを道具として使う必要があるので，それを使いこなすために必要な知識も併せて説明する。

3.1　基本リテラシ

なぜ UNIX コマンドラインを使うのか：GUI ではなく CUI

　リテラシとは「読み書き能力」のことである。ここでは，データ解析をする上で最低限必要となる基本事項を解説する。まずは生命科学データ解析に必要不可欠な基本リテラシとして，文字（character）ベースのユーザインタフェース（Character User Interface：CUI）である UNIX コマンドラインの使い方から解説をする。UNIX とは，日本語でよく「基本ソフト」と訳されているオペレーティングシステム（OS：Operating System）の一種で，

? それって何だっけ

コマンドライン
コンピュータへの命令を，コマンドと呼ばれる文字列をキーボードから入力することによって行う入力行のこと。

? 何て呼んだらいいの

CUI
シーユーアイと呼ぶ
UNIX
ユニックスと呼ぶ

データ解析用のスパコンで使われているOSであるLinuxは、厳密にはUNIXでないが、UNIXライクなOSといわれていて、見た目や操作などはUNIXとそっくりである。

何て呼んだらいいの

GUI
グイと呼ぶ

macOS も UNIX である[*]。UNIX コマンドラインは、**UNIX シェル** (shell「貝」の意味) とも呼ばれることもあるが、それは UNIX カーネル (kernel) と呼ばれる UNIX の「中枢部」を包む「殻」という意味でつけられた名前である。

　通常コンピュータを使う際に目にするグラフィカルユーザインタフェース (Graphical User Interface : GUI) だけではダメなのか、とよく質問される。もちろん、GUI でできる操作ならば、それでやるにこしたことはない。しかし、配列データのサイズはあまりにも大きい（シークエンサーの 1 run あたり数 G 〜数十 Gbyte ある）。また、処理すべきファイルの数も多い。だから、**GUI では処理するのに効率が悪かったり、事実上処理できなかったりする**ことがあるのである。特に、ファイル名だけが異なるような対象に同じ操作を繰り返し行うことなどは、GUI でやるよりも CUI でやったほうがはるかに効率がよい。また、**スクリプト化すれば、再度実行する際にやり方をいちいち思い出す必要もない**。それゆえ、少々ハードルが高いかもしれないが、CUI でデータを取り扱うことをこの章の一番最初で説明する。

　コンピュータ（これ以降は、この業界の人たちがコンピュータを意味する言葉として使う「マシン」と呼ぶことにする）は、データ解析のための道具なのであり、その道具が一番便利に使えるやり方で行っていただきたい。第 1 章でふれた国立遺伝学研究所スーパーコンピューターシステム（以下、遺伝研スパコンと略す）上で任意のプログラムを実行する場合には、CUI で操作することになる。CUI が使えるようにならないと遺伝研スパコンを満足に使いこなすことができない。つまり、**大規模データ解析には、GUI よりも CUI でマシンを操るほうが適している**のである。UNIX コマンドラインによる CUI の利用は、大量のデータを解析する際の基本であるため、生命科学データ解析に限ったことではなく、インターネット検索すると数多くの利用実例が見つかる。またそれを解説した本も多数出版されている。そのような書籍を見たり、ググったりして必要な情報を集めれば、自らの知識を補完していける。本書では概略だけを説明しているので、そういった勉強法をおすすめする。著者自身、大学院に入るまではウェットの実験だけしかしておらず、そういったやり方によって、修士課程に入ってから UNIX コマンドラインを身につけてきたのだから。

Dr. Bono から

「**ググる**」はインターネット検索するという意味。もっとも、著者が大学院に入った当初はGoogleをはじめとしたインターネット検索エンジンは存在していなかったが、その当時は基本的には本から情報を得ており、どうしても解決できない場合にメーリングリストで質問するというスタイルであった。

UNIX コマンドラインの実際

はじめに

　本書では，UNIX コマンドラインの実際の操作について簡単に説明する。基本的なシェルの使い方の詳細は本書では省き，生命科学系データ解析をする際に陥りがちな点に関してのみ述べる。

　先にも述べたように，操作の詳細については，参考図書やウェブサイトを参照してほしい。『生命科学者のための Dr. Bono データ解析実践道場』の第 2 章 基礎編「2.1 UNIX コマンドラインを使ってみよう」に，本書よりもかなり詳しくコマンドラインの使い方が紹介されている。生命科学分野の本ではないが，『データサイエンティスト養成読本 登竜門編』の「第 3 章 はじめてのシェル」などもある。また，'UNIX コマンドラインの使い方' をキーワードにググってみると数多くのウェブサイトが見つかるだろう。例えば，「コマンドライン講習会」`http://cmdline.2016.class.kasahara.ws/` などがある。もちろん，統合 TV も参照のこと。

　さて，UNIX コマンドラインを使いはじめるには，特別なソフトウェアをインストールする必要はない。macOS だとすでにインストールされており，「アプリケーション」フォルダの中にある「ユーティリティ」の中の「ターミナル」というアプリケーションをダブルクリックして起動すればよい。Linux だと Terminal などのアプリケーションを起動すると，UNIX シェルが起動する。UNIX シェルには何種類かあり，bash や tcsh，あるいは zsh が現在よく使われている。記法に若干の違いなどがあるが，初心者にとってはほとんど違いなく使える。シェルでコマンドを入力してデータ解析を行うのが基本となる。以下では標準的な **bash を例に**説明する。

UNIX コマンドの概要

　コマンドには，入力と出力がある。標準的には入力（標準入力）は 1 つだが，出力は結果の出力（標準出力）とエラー出力（標準エラー出力）の 2 種類がある（図 3.1）。パソコンのデフォルトでは，入力はキーボード，標準出力と標準エラー出力は画面となっているが，ファイルを指定して変更することができる。

統合 TV

「【NGS速習コース】1. コンピュータリテラシーとサーバー設計〜1-3. Unix I UNIX の基礎の理解，Linux 導入」
`https://doi.org/10.7875/togotv.2014.066`

Dr. Bono から

Windowsで UNIX コマンドを使う方法については，p.72のコラムを参照のこと。

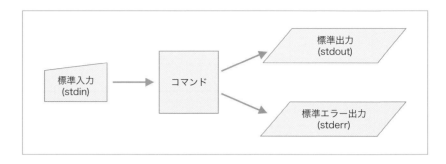

図3.1 UNIXコマンドと出入力 UNIXコマンドは，入力（標準入力）に対して何らかの処理をして出力（標準出力）をする。その出力とは別に，エラーメッセージが出力（標準エラー出力）される。

具体的に見てみよう。例えば，TをUに書き換えるコマンドは，以下のとおりである。

Dr. Bono から

コマンドライン先頭の%記号は，その行がコマンドラインであることを示す記号なので，実際にコマンドを試すときには入力しない。本書では，■は1 byteのスペース（空白）を意味する。

```
% perl -pe 's/T/U/g' < DNA.txt > RNA.txt
```

`perl -pe 's/T/U/g'` の部分がコマンド本体で，TをUに書き換えるという「プログラム」である。**DNA.txt** は標準入力，**RNA.txt** は標準出力のファイルを指定しており，**<** という記号はそのあとの **DNA.txt** が標準入力の入力元

コラム

WindowsでUNIXコマンドラインを使う

Windowsでは2020年現在，64bit版のWindows10においてWindows Subsystems for Linux 2 (WSL2)をインストールすることでLinuxのコマンドライン(bash)を利用することができる。WSL2は先に開発されたWSL (WSL1とも呼ばれる)の後継版で，Windowsを開発したマイクロソフト社によって提供されており，そのインストール方法は，

「Windows 10 用 Windows Subsystem for Linux のインストール ガイド」
https://docs.microsoft.com/ja-jp/windows/wsl/install-win10

などを参考にして欲しい。ただ，WSLやWSL2は開発元であるマイクロソフト社から，「主として開発者，特にWeb開発者やオープンソースプロジェクトを利用する開発者のためのツール」とみなされているため，**万人向けのツールというわけではない。**

著者もWSL2をインストールし，LinuxとしてUbuntuを導入してみた。Linuxとまったく同じようにWindows上でUNIXコマンドラインを利用することが可能となっている。また，UNIXコマンドに関しても，macOSのHomebrewと同様に，apt（p. 87の「それって何だっけ：aptコマンド」参照）やAnaconda（Bioconda）（p. 76のコラム「Bioconda」参照）といったパッケージマネージャーを使うことで導入可能である。

であることを指定し，**>** は **RNA.txt** が標準出力の出力先ファイルであること
を指定するコマンドである。標準エラー出力は変更していないので，画面上
に出てくる。実用上よく使うのは標準出力を指定するほうで，標準入力はコ
マンドオプションを追加するという形で指定することが多い。例えば次のよ
うにしても同様にコマンドは実行される。

```
% perl -pe 's/T/U/g' DNA.txt > RNA.txt
```

このように**特定の結果を得るためのコマンドは唯一でなく，複数の手段で実
現できる**，というのが UNIX コマンドの特徴である。どういったオプション
を指定しないといけないかはそのコマンドの仕様次第なので，それぞれのコ
マンドごとに違っており，実行する際に調べて使うことが多い。

　エラー出力が大量に出る場合や，エラー出力をファイルに残したい場合な
どは次のようにする。

```
% perl -pe 's/T/U/g' < DNA.txt > RNA.txt 2> err.txt
```

このようにするとエラーが出力された場合，**err.txt** にその内容が出力され
る。**2>** は，標準エラー出力の出力先ファイルが **err.txt** であることを指定
するコマンドである。

UNIX コマンド実行上の注意点

　このコマンドを実行するといったときに，まず初学者がそろって陥りやす
いのが，**スペース（空白）にも意味がある**ことを見逃すことである。スペー
スは 1 byte のスペースを入れること。**2 byte 文字（全角）のスペースでは
なく，1 byte のスペース（半角）を入れないと，コマンドは意図したとおり
動いてくれない**。また，これまでほとんど使ったことのない記号が出てくる
ので面食らうことも多いだろう。例えば _（アンダースコア）だとか，~（チ
ルダ），|（パイプ），\（バックスラッシュ）などは，キーボード上で隅のほ
うにあることからもわかるように，通常の書類仕事ではめったに使わないだ
ろう。だが，UNIX コマンドとしてはよく使うので，この際，親しんでいただ
きたい。特に，**バックスラッシュ（\）はフォントによっては¥（円記号）と
して表示されることもあるので，注意してほしい**。

? それって何だっけ

コマンドオプション
コマンド名の後ろに付加す
る文字列。そのコマンドの
実行内容を選択したり調節
したりできる。
コマンドオプションは，た
いてい -（ハイフン）記号を
つけて指定する。

　また，この本のいたるところで紹介している UNIX コマンドの実例をコピー
＆ ペーストして使うとき，あるいはインターネット検索結果などからそういっ
たコマンドをコピー ＆ ペーストして使うときなどに注意してほしいのは，**行
頭の％などの記号を含めて入力してはいけない**ということだ。それらの記号は，
コマンドプロンプト（コマンド入力待ち）を示す記号であるため，自らコマン
ドを実行する際には入力する必要はない。それ以外にも陥りやすい誤動作の
原因として，Microsoft Word などで知らない間にされてしまう記号の自動
変換がある。すなわち，**quote（ ' や " ）などの記号がフォントによっては
自動変換されてしまって（ ' ' や " " などに変換される），そのままペースト
してもコマンドがエラーになることが起きるので注意が必要**である。見た目
は一見同じでも別の文字に変更されてしまっているのである。最近では **PDF
化された文書でもそういった自動変換が見受けられる**ので，コピー ＆ ペース
トしたコマンドがうまく動かないときにはそういった点にも留意すること。

　そして，タイプミスすることなくコマンドはちゃんと打ち込めたとして，
次に陥る落とし穴は，カレントワーキングディレクトリ（current working
directory：cwd）の存在に関してである。cwd とは，この言葉どおり，現在
仕事しているディレクトリのことである。すなわち，現在自分はどのディレ
クトリで作業していて，（先ほどの例でいうと），**DNA.txt** というファイルが
存在するディレクトリはどこなのかを把握していないといけない。**DNA.txt**
のファイルが，現在作業しているディレクトリと同じディレクトリにないと，
このコマンドで読み込まれないのである。つまり，**現在自分はどのディレク
トリで作業しているのかを，常に意識しないといけない**のである。わからな
くなったら **pwd** コマンド（print working directory）で確認するという作業
を普段から習慣づけるとよいだろう。

```
% pwd
```

これは，現在作業しているディレクトリを表示するためのコマンドで，今ど
こにいるのかを知りたいときに使う，基本的なコマンドである。なお，ディ
レクトリの変更には **cd** コマンド（change directory）を用いる。

```
% cd Documents
```

といった相対パス指定でディレクトリを移動したり，

？ それって何だっけ

ディレクトリ
Windows や macOS でいう
ところのフォルダのこと。
そのディレクトリ中にファ
イルやディレクトリがあり，
それらが階層的な構造に
なっている。

？ それって何だっけ

相対パスと絶対パス
今いるディレクトリを基準
にして目的のファイルを指
定するのが相対パス。
ディレクトリを完全なアド
レスにして目的のファイル
を指定するのが絶対パス。

```
% cd␣/usr/bin
```

といった絶対パスで指定してディレクトリを移動することもある。

```
% cd
```

と引数なしで使うと，そのアカウントのホームディレクトリに移動する。

　そして，ファイル名の付け方，である。基本的にはファイル名は自由につければいいのだが，**ファイル名に 2 byte 文字を用いるのはシェル操作で扱いにくいので，避けた方がよい**。それ以外にもシェル上では特別な意味を持つ記号（* や ! など）は，ファイル名につけないほうがいい。それが原因の誤動作を避けるためである。機種依存文字も名前のとおり，機種が変わると別の意味になるので，コマンドラインで扱うものには使わないのが原則である。つまり，**コマンドラインで扱うファイルのファイル名は，英数字とアンダースコアだけにしたほうが無難**ということだ。

　また，**ハイフンはファイル名の先頭文字としては使わないようにする**。それは，コマンドオプションは多くの場合ハイフンから始まっており，コマンド引数として指定した際にオプションと誤認識される恐れがあり，その結果予期せぬ挙動が起きる可能があって危険である。その他，使用するプログラムによって，引数に指定できるファイル名の付け方に制限がある場合もある。たとえば，特定のアプリケーションでは数字がファイルの先頭にあるとファイル名として使えないケースがある。**うまく動作しないときはそういうところを疑ってみる必要がある**。

　こういったことはシェルと各自格闘しているうちに身に着けていくものであろうが，いい機会なので陥りやすいポイントを列挙した。自分の思いどおりにマシンが動いてくれない場合の参考にしてほしい。次の 2 つの項で，よく使うコマンドと便利なコマンドワンライナー（1 行で収まるコマンドライン）を紹介する。

? それって何だっけ

コマンド引数 (ひきすう)
コマンドを実行する際に，コマンド名の後に続けて入力した文字列はパラメータとしてプログラムに渡される。このようなプログラム起動時に渡されるパラメータのことをコマンド引数，あるいは，単に引数と呼ぶ。

よく使うプロセスなどの監視系コマンド

　誰がログインしているかを知るコマンドが **w** である。個人マシンだと通常は自分しかログインしていないはずなのだが，遺伝研スパコンなど，共有サーバーでこのコマンドが役に立つ。

```
%  w
```

　今ログインしているマシンでどんなプロセスが動いているか，負荷状況と合わせてレポートしてくれるコマンドが **top** である。数秒に1回更新され，リアルタイムに知ることができる。

```
%  top
```

　また，デフォルトではインストールされていないが，上記の **top** が強化され，プロセスと負荷状況が可視化されレポートされるコマンドが **htop** である。

```
%  htop
```

　Linux や macOS では，Bioconda（Anaconda）というパッケージ管理システムを使って簡単にインストールできる。また macOS では，Homebrew などのパッケージ管理システムを使っても，同じように簡単にインストールできる（コラム「Bioconda」と「Homebrew」を参照）。

コラム

Bioconda

　Bio+conda の造語。conda は Anaconda を使うためのコマンド名で，Bioconda はバイオ版の Anaconda ということである。

　Anaconda は，Python 自体と，Python でよく利用される NumPy などのための，必要なライブラリをまとめてインストールできる仕組みで，Homebrew などと似たパッケージ管理システムである。Python の普及に伴って，Anaconda もよく使われるようになり，現在では Python 関係以外のコマンド群をインストールできるパッケージマネージャーとなっている。

　Bioconda には Linux 版と macOS 版があり，数多くのバイオインフォマティクスツールが簡単にインストール可能である（『生命科学者のための Dr. Bono データ解析実践道場』のp.36参照）。

コラム

Homebrew

　この英語の本来の意味は「自家製ビール」だが，macOS上で各種UNIXプログラムを利用するときに使われるパッケージ管理システムの名称として使われている。

　fink, macportsなどがかつて同様なパッケージ管理システムとして使われてきたが，root権限（管理者権限のこと）で動かさないといけないことがあった。このHomebrewは極力rootとしての権限を使わないようにパッケージが作られており，気軽に新しいパッケージが導入できる大変便利な仕組みである。例えば，本文で出てきた**htop**コマンドをインストールする場合，次のようになる。

```
% brew install -v htop
```

　詳しくは，Homebrewのウェブサイトを参照(https://brew.sh/index_ja.html)。

よく使うファイル操作コマンド

　grep は，特定の文字列やパターンを検索する強力なコマンドで，生命科学系のデータ解析でもしばしば用いられる。

```
% grep ATGCAT hoge.fa
```

何て呼んだらいいの

grep
グレップと呼ぶ

このように指定すると，**hoge.fa** というファイル中に **ATGCAT** という文字列パターンがないかを探し，このパターンを含むすべての行が出力される。多くの場合，返ってくる出力結果は1画面に表示できないほど多いので，1ページごとに表示するコマンドの **less**（p.79のコラム「なぜコマンド less か？」参照）を組み合わせて次のようにする。

```
% grep ATGCAT hoge.fa | less
```

また，このコマンドでは大文字小文字が区別されてしまうので，区別しない場合には以下のように，**-i** オプションをつける。

```
% grep -i ATGCAT hoge.fa
```

文字パターンをリストにして，その中のいずれかにマッチ（一致）するもの
を抽出したいときがある。例えば，遺伝子の ID リストに対して，それのいず
れかにマッチする行だけを全体のデータから抜き出したいときなどである。
その際には，**grep** の親戚の **fgrep** というコマンドを使い，**-f** オプションで
ID リストを指定する。

```
% fgrep -f id.txt hoge.txt
```

id.txt は ID が 1 行ごとに書かれたファイルで，**hoge.txt** が検索対象のファ
イルである。これを応用した合わせ技として，抜き出した結果から特定のカ
ラムを抜き出して，それをソートして重複を除き，別のファイルとして保存
するということができる。

```
% fgrep -f id.txt hoge.txt | cut -f 5 | sort -u > fuga.txt
```

cut は特定のカラムを抜き出すコマンドで，この例の場合タブ区切りの左か
ら 5 つ目のカラムを抜き出し，**sort** コマンドでソート（**-u** オプションによっ
て重複を除くという処理もしている）し，**fuga.txt** に保存される。この例
のように前のコマンドによる出力を次のコマンドの入力として | （パイプ）
でつないで処理することを，パイプライン処理と呼ぶ。中間ファイルを作ら
ずに処理することができて，UNIX を使っているものにとっては当たり前の操
作であり，単純でありながら大いに有用である。

　なお出てきた結果は **less** で中身を見たり，**wc**（word count の略）コマ
ンドを使って，ファイル行数を計算したりすることが多い。

```
% wc -l fuga.txt
```

-l オプションを指定してあるのは，ファイルの行数だけ表示をするためで，
これがないと行数以外にワード数（単語数）や byte 数も計算する。データ量
の大きな生命科学データ解析においては結果が返ってくるのが遅くなることも
しばしばあるため，まずは **-l** オプションを付けて実行するのが無難である。

　ファイル基本操作のコピー（**cp**），移動（**mv**），消去（**rm**）もコマンドラ
インで一気に実行できる。例えば，大事なファイルを 'USBHDD1' という名

コラム

なぜコマンドlessか？

　もともと**more**というコマンドがあったが，この**more**はページをバックする機能がなく不便だったために，**less**というコマンドが開発された。**less**という名前になっているのは**more**の逆という洒落である。CUI操作では，GUIのダブルクリック操作のように**less**コマンドが多用され，オプションも多様であるが，その中でもよく使うオプションに**-S**がある（Sは大文字）。

```
% less -S fuga.txt
```

　通常，1行が非常に長いと，行が折り返されて表示されて，データが見づらいことがあるが，この指定をすると，行の折り返しをしなくなり，行の先頭のほうのデータが見やすくなる。データ量の多い生命科学データ解析においては有用なオプションなので，覚えておいて損はないだろう。

前のついた USB ハードディスク上にコピーする場合には，

```
% cp importantfile.txt /Volumes/USBHDD1/
```

とする。**cp** のかわりに **mv** を使うと「移動」操作のため，コピーが終わるとオリジナルのファイルは消される。ファイルサイズが大きいと **cp** や **mv** は時間がかかるが，**rm** はファイルサイズが大きくても時間がかからず，すぐに終わる。また，別のディスクへの **mv** はファイルサイズが大きいと時間がかかるが，同一ディスクの場合ファイル名の付け替え操作となるため，すぐに終了する。

　また，ディレクトリの消去は次のようにするが，**-r** オプションで再帰的に実行するオプションがついており，指定するディレクトリ次第では多くのファイルを消去できてしまうため，実行には十分注意する必要がある。

```
% rm -r hoged/
```

ls コマンドでは，長い形式（**-l**）で，タイムスタンプ順（**-t**）かつ並びが逆（**-r**; 古いものから新しいものに並ぶ）という指定で，最近変更のあったファイルが下のほうに表示されるという **ls** のオプションをよく用いる。

```
% ls■-ltr
total 5600
-rw-r--r--  1 bono staff      356  2 15  2015 01piechart2.r
-rw-r--r--  1 bono staff     4350  2 15  2015 ddbj.txt
-rw-r--r--  1 bono staff    55503  2 15  2015 ddbj.dxp
-rw-r--r--  1 bono staff      303  2 16  2015 01piechart4.r
-rw-r--r--  1 bono staff  5639592  3  6  2015 150305bonozenza.key
-rw-r--r--  1 bono staff      617  3 17  2015 DDBJbyOrganisms.orig.txt
-rw-r--r--  1 bono staff      410  3 17  2015 DDBJbyOrganisms.txt
-rw-r--r--  1 bono staff      311  3 17  2015 01piechart3.r
-rw-r--r--  1 bono staff     6542  3 17  2015 Rplots.pdf
drwxr-xr-x 15 bono staff      510  1 26  2016 AJACS52/
```

今すぐ参照したいのはたいてい今変更したばかりのファイルで，このオプションの組み合わせではそれが一番下に表示されるため，著者はかなりの頻度で使う。これはmacOSのFinderやWindowsのエクスプローラーでも同様で，ウィンドウはリスト表示し，追加日でソートするのを基本としている（図3.2）。

また，tree というコマンドで現在いるディレクトリとその中にあるファイルやディレクトリの構造を可視化することが可能である。

図3.2　macOSのFinderの場合の`ls■-ltr`相当の操作　必要なファイルは多くの場合直前に変更を施している。なので，変更日でソート（古→新）すれば（macOSのFinderの場合，変更日のところをクリックする），ファイルリストの中から眼で探す（俗に「眼grep」という）必要なく，一番下にそれが出てくる。

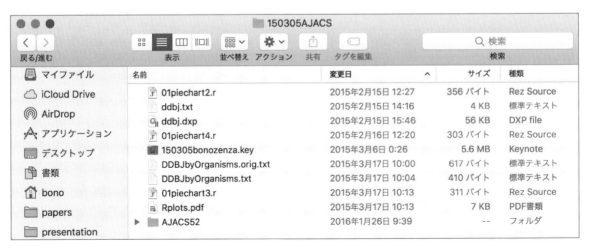

```
% tree
.
├── 01piechart2.r
├── 01piechart3.r
├── 01piechart4.r
├── 150305bonozenza.key
├── AJACS52
│   ├── 01piechart.r
│   ├── 02hclust.r
│   ├── 03justrma.r
│   ├── 04pca.r
│   ├── README.md
│   ├── matrix.txt
│   ├── results
│   │   ├── hclust.png
│   │   ├── pie1.png
│   │   ├── pie2.png
│   │   └── pie3.png
│   ├── srabyorganism.txt
│   ├── srabystudy.txt
│   └── srabystudy_orig.txt
├── DDBJbyOrganisms.orig.txt
├── DDBJbyOrganisms.txt
├── Rplots.pdf
├── ddbj.dxp
└── ddbj.txt

2 directories, 22 files
```

このディレクトリでワイルドカードを用いたコマンドと出力結果を示そう。

```
% ls *.r
01piechart2.r 01piechart3.r 01piechart4.r
```

ここに示したように，`.r` で終わるものだけが表示される。ここでは，任意の文字列に対応するという，ワイルドカードと呼ばれる方法が使われている。`*`（アスタリスク）により，「すべてのパターンがマッチする」と指定でき，シェルのコマンドラインで便利な機能の１つである。

ファイル容量を知りたいときは，**du** コマンドを使う。例えば，このディレクトリのファイルやディレクトリの大きさを知りたいときには以下のコマンドを使う。

```
% du -sk *
4      01piechart2.r
4      01piechart3.r
4      01piechart4.r
5508   150305bonozenza.key
27716  AJACS52
4      DDBJbyOrganisms.orig.txt
4      DDBJbyOrganisms.txt
8      Rplots.pdf
56     ddbj.dxp
8      ddbj.txt
```

-k を指定することで，出てきた数字はキロ（k）バイト単位となっている。また，現在存在するディレクトリ〔シェルでは .（ドット）で表現する〕以下の大きさを知りたいときは，

```
% du -sh .
33M    .
```

となり，33M あることがわかる。こちらのコマンドでは k byte（キロバイト）単位ではなく，-h という human friendly な（人が見てわかりやすい）出力をするオプションを指定したため，33M という値が返された。

　また，特定のディレクトリ以下ではなく，ディスク全体の容量を知るには **df** というコマンドを使う。

```
% df
Filesystem         1K-blocks      Used Available Use% Mounted on
/dev/disk1         975930496 478157476 497517020   50% /
```

現在ちょうど50%使われていて，空き容量が50%であることがわかる。また，human friendly なオプション -h を指定すると，次のような表示になり，さらにわかりやすい。

```
% df -h
Filesystem         Size  Used Avail Use% Mounted on
/dev/disk1         931G  457G  475G  50% /
```

また，ファイル名はわかっているのだがファイルシステム上のどこにあるか，わからなくなることがある。その場合にそのファイルを探す方法として，**find** コマンドを使うやり方がある。このディレクトリ以下にあるに違いないというディレクトリに移動して（**cd** して），以下のコマンドを実行する。

```
% find . -name hoge.txt -print
```

コマンド中の．（ドット）は現在いるディレクトリ（カレントディレクトリ）を意味し，**hoge.txt** という名前のファイルをそのディレクトリ内に探してそのファイルのあるディレクトリとそのファイル名（ファイルパスともいう）を表示するというコマンドである。

バッチ処理

ワイルドカードによるファイル指定で，そのコマンドに引数により一括で指定できず，数多くのファイルに対して同じ処理を繰り返したいとき，もしくはそのファイルの数が数万などと多く，引数指定するには数が多くなりすぎて無理なときには，シェルスクリプトでバッチ（batch）処理を行うのが有効である。ファイル 1 つずつに対して順番に〔シーケンシャル（sequential）に，ともいう〕バッチ処理したいときに，bash のシェルスクリプトで対処する場合には，以下のようにする。

```
#!/bin/sh
for f in *.bz2 ; do
        bunzip2 $f
done
```

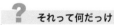

それって何だっけ

シェルスクリプト
シェル（＝コマンドライン）で実行するコマンドをまとめたドキュメント。

この例の場合，これまでの UNIX コマンドラインではなく，シェルスクリプトとなっていて，この内容を **hoge.sh** というファイル名でファイルとして保存して，

```
% sh hoge.sh
```

Dr. Bono から

シェルスクリプトが書けるようになると，繰り返し操作に強くなれる！

として実行する。この際，上述のように **hoge.sh** を保存したディレクトリと同じディレクトリに移動して（**cd** して），実行する必要がある。

さて，内容の話に戻ると，このシェルスクリプトでは，**for f in * ; do ... done** という定型句を使っている。この例の場合，ファイル名が **.bz2** で終わるファイルそれぞれに対して，**bunzip2** というコマンドを順番に実行する。以下の **samtools** のところでさらに詳細にその御利益を紹介する（p.112 のコラム「samtools とバッチ処理」参照）。

ssh でネットワーク越しにマシンを操作する

データ解析を実際に進めていくと，1 台のマシンだけで計算するということはありえず，すぐに何台かのマシンを使うことになるだろう。かつては外部のサーバーへのアクセスには，**telnet** というコマンドを使っていたが，現在はセキュリティのこともあり，**ssh**（secure shell の意味）というコマンドを使う。macOS で自分の LAN（Local Area Network）内部のマシンへは，例えばそのマシンが MacMini という名前で，ログインしようとしている側の mac のシステム環境設定の「共有」で「リモートログイン」のチェックがオンになっている場合，以下のようなコマンドでリモートログイン（**ssh**）できる。

> ❓ **何て呼んだらいいの**
> **telnet**
> テルネットと呼ぶ
> **ssh**
> エスエスエイチと呼ぶ

```
% ssh MacMini.local
```

また遺伝研スパコンなど外部のサーバーに対しても同様に **ssh** を使って

```
% ssh bono@gw.ddbj.nig.ac.jp
```

とすることでリモートログインできる。'bono' の部分は自分自身の遺伝研スパコンのアカウント名で置き換える必要があるのを忘れないように。

DDBJ の SRA へのデータ submit にもこの **ssh** を使う必要がある。DRA Handbook によると（https://trace.ddbj.nig.ac.jp/dra/submission. html），以下のように書かれている。

```
% scp <Your Files> <D-way Login ID>@dradata.ddbj.nig.
ac.jp:~/<DRA Submission ID>
<Your Files>: 転送するファイル。
例: file1 file2 (file1 と file2),file* (file ではじまる全てのファイル)
<D-way Login ID>: D-way の Login ID (例 test07)
<DRA Submission ID>: DRA 登録の Submission ID (例: test07-0018)
```

とあり，コマンドの例として以下のようにしてデータをリモートマシンから
コピーすることが求められている。

```
% scp strainA_1.fastq test07@dradata.ddbj.nig.ac.jp:~/test07-0018/
```

rsyncで大量のファイルやディレクトリをコピーする

　ファイルはコピーや移動したり，バックアップしたりすることが多い。特
にバックアップは重要である。もちろん，GUI操作でのフォルダのコピーだ
けでもよいのだが（ちなみにCUIだと **cp** コマンド），何回もコピーを続けて
いると何回も同じファイルを重複してコピーすることになり，時間とリソー
スの無駄になる。そこで，**rsync** コマンドの出番となる。**rsync** を使うと差
分コピーが可能になる。

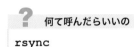

？ 何て呼んだらいいの

rsync
アールシンクと呼ぶ

```
% rsync -av --exclude '/' /Users/bono/Documents/ /Volumes/USBHDD1
```

このようにすると，**/Users/bono/Documents** 以下のファイルとフォルダ

コラム

sshのパスワード問題

　sshで別のマシンに入るときにパスワードが求められる（パスワード認証）。
これが普通だが，セキュリティ強化のため，パスワード認証ではなく，公開
鍵認証方式がとられている場合もある。
　例えば，SRAを登録するために必要なファイルの転送に使うDDBJのサー
バーがそうだ。すなわち，自分のマシンの公開鍵と秘密鍵を

```
% ssh-keygen -t rsa
```

というコマンドで作成し，そのうち公開鍵（**id_rsa.pub**というファイル名で
生成されている）をDDBJのサーバーに登録して，サーバーにアクセスできる
ようにする，というものである（ちなみに秘密鍵は，**id_rsa**というファイル
名で生成されている）。詳しくは，DRA ハンドブックの「登録アカウント」の
章を参照（https://www.ddbj.nig.ac.jp/account.html）。
　自分のマシンの公開鍵をリモートのサーバーのホームディレクトリにあ
る**.ssh**というディレクトリの**authorized_keys**というファイル（最初はな
いので，自ら作成する）に書いておけば，公開鍵認証でサーバーにログインで
きるようになる。

（ディレクトリ）を **/Volumes/USBHDD1** 以下にコピーすることになる。1回目はフルバックアップなので時間がかかるが、2回目以降は同じファイルはコピーされず、変更のあったファイルだけがコピーされるため、ファイル転送が高速化される。定期的なミーティング終了後に実行する、あるいは週1回や月1回など習慣づけて行うことをおすすめする。

　実はこのコマンド、ネットワーク越しのマシンに対しても実行可能である。上述の **ssh** を **rsync** コマンドから利用する実例でもある。受け側のマシンに **ssh** でアクセスできるように設定されていればだが、以下のようなコマンドで実行可能である。

　例えば、手元のマシンから特定のディレクトリ（**/Users/bono/Documents**）のコンテンツのすべてを別のマシンにコピーするときは以下のようにする。

は、その行が続くという意味

```
%■rsync■-av■-e■ssh■--exclude■'/'■/Users/bono/Documents■192.168.168.
109:/Volumes/USBHDD2
```

このコマンドを実行することで、送り側のマシンの **/Users/bono/Documents** 以下のファイルやディレクトリは、そのディレクトリ構造ごとすべて、IP アドレス **192.168.168.109** がついた LAN でつながったマシンの **/Volumes/USBHDD2** というディレクトリ以下にコピーされる。

　このような具合に、**次世代シークエンサーから出てきたデータ登録にも、コンピュータ中のデータのバックアップにも ssh は必要不可欠**で、生命科学データ解析をすすめる上で慣れ親しんでおく必要がある。

文字コードの問題

　生命科学データ解析では基本的に、ASCII 文字だけを用い、日本語や非英語圏の言語をはじめとする2 byte（全角）文字は使わないはずである。だが、データを作る側の都合でそういうものが紛れ込むことがある。特に、機械から出力されたデータではなく、人間が入力するデータはその危険が高く、顔文字などの特殊な機種依存文字が入っている場合もあるので注意が必要である。この問題は、2 byte コード問題ともいわれ、文字化けの原因となる。

2 byte 文字の文字コードは以下のとおり，

- Shift-JIS（シフトジス）
- JIS（ジス）
- EUC（イーユーシー）
- UTF-8（ユーティーエフエイト）

などがあるが，多くのデータは UTF-8 なので，最初からそう変換してもらったデータをもらうか，

```
% nkf -w hoge.txt > fuga.txt
```

このコマンドで変換して，UTF-8 にして処理するのが無難である。ちなみに **nkf** は Nihongo Kanji Filter の頭文字で，その名のとおり，日本語漢字フィルターである。macOS では Homebrew で，Linux（ubuntu）では apt コマンドで導入可能である。

改行コードの問題

改行コードがプラットフォームごとに異なっているために起こる問題がある。これも根が深く，前世紀から指摘されているが 2020 年代の今になっても根絶されていない。

それぞれのプラットフォームで改行コードは表 3.1 のとおりとなっている。最近の Mac は UNIX なので，UNIX タイプなのだが，**昔から保持してきたファイルはかつての形式のまま使われている**ことが多い。その結果，もうすでに MacOS9 で稼働しているシステムがないという場合であっても，この問題がなくならないのである。

> **？ それって何だっけ**
>
> **apt コマンド**
> WSL2上で動かすUbuntuやDebianといったLinuxディストリビューションのパッケージ管理システムであるAPT（Advanced Package Tool）ライブラリを利用して，パッケージを操作・管理するコマンドである。
> Biocondaのように追加でインストールしなくても最初から利用することが可能で，便利である。
> ちなみにこのnkfのインストールは，以下のコマンドで可能である。
> ```
> % sudo apt install nkf
> ```

表3.1 各種プラットフォームにおける改行コード

プラットフォーム名	改行コード
UNIX (macOS)	\n
古いMac（MacOS9以前）	\r
MS-DOS (Windows)	\r\n

コラム

外付けディスクとUSBフラッシュメモリーを入手したら……

　生命科学データ解析では，とにかく扱うデータ量が大きい。なので，本体に内蔵のディスクでは容量が足りなくなることがよく起きる。そこで，USB接続のハードディスクドライブ(HD)を購入することになるのだが，いくつか注意がある。まずは，USB3対応のHDを選ぶことである。USB2の約10倍ほど高速なデータ転送が可能となっているからだ(理論値)。USB3はUSB2とは接続ケーブルの形状が異なり，図3.3の右下の形状のケーブルがUSB3のものである。

　また入手したHDやUSBフラッシュメモリーは，そのフォーマットを確認してほしい。macOSでしか使わないのなら，MacOS拡張でよいが，他のOSでも使うのであれば，exFATにしておくのがよい。どんなフォーマットが問題かというと，まず，NTFSは，macOSからは読み込みしかできない(書きこみができない)。さらに問題なのはFAT32フォーマットだ。FAT32フォーマットのままだと，1ファイルのサイズの上限が4 Gbyte，最大ボリュームサイズが2 Tbyteという仕様のため，次世代シークエンサーから出てきた配列データや解析データファイルが置けない恐れがある。昨今の配列データ解析においては**1つのファイルサイズが4 Gbyteを超えることなどザラ**にあり，2020年代の現在でも**多くのUSBフラッシュメモリーがデフォルトでこのFAT32フォーマットになっていることがある**ので要注意である。容量が4 Gbyteを超えるUSBフラッシュメモリーは，最初からexFATにフォーマットしておくことをおすすめする。

　また，HDについても，使い始める際にはフォーマットがFAT32になっていないかどうか，チェックすることをおすすめする。最近ではHDが大容量化していることから減ってきてはいるものの，要注意である。使い始めてしまってからでは，すでにいろいろとデータを置いていたりするだろうから，それらのデータの転送など，大変面倒である。

　実際に，先方のHDやUSBフラッシュメモリーがFAT32だったために，1つのファイルが4 Gbyteを超えるデータを渡せなかった経験が著者にも何度かあった。転ばぬ先の杖，外付けディスクとUSBフラッシュメモリー(容量4 Gbyte以上)を入手したら必ずチェックして，FAT32だったらフォーマットし直しておくように！

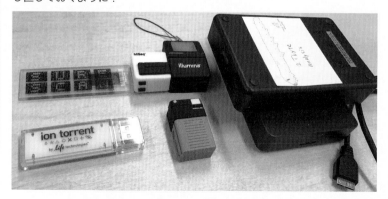

図3.3　データ置き場として多用されるUSBフラッシュメモリー（左）と外付けディスク（右） 4 Gbyteを超えるデータは仕様上，FAT32フォーマットのファイルシステムにはコピーできないので，ファイルサイズによっては注意が必要である。

　普通のコマンドは \n があるとそこで改行と認識するので，DOS タイプの
コードは Mac でそれほど問題にならない（行末に \r が余分に入るだけなの
で，それを取り除けば OK）。だが，古い Mac のものはいつまでたっても \n
が出てこないため，ファイル全体が 1 行とみなされ，予想した処理がなされ
ないことがある。著者の周りでも，最近でもこの問題に遭遇した。対処法と
しては，

```
% sed s/\r/\n/g < Mac9.txt > UNIX.txt
```

のようなコマンドで \r を \n に変換してしまえばよい。この問題に起因する
トラブルは，2020 年代になっても相変わらず絶えないので，知っておいて
損はないだろう。

ソフトウェア・アップデートする / しない問題

　基本的にはソフトウェアは最新にしたほうがよい。特に OS のアップデー
トは重要で，最新でないと不都合が起きる可能性がある。しかしながら，こ
れまで問題なく動いていたものがソフトウェアをアップデートしたために急

コラム

Dr. Bono から：2020 年代の情報収集方法

　かつてはメーリングリストという手段が活発に利用された。自分のメール
アドレスを登録しておけば，メーリングリストに入っている人たちが議論をす
るのを読んだり，自分も議論に参加したりといった，電子メールを介した情
報共有が行えた。現在でもバイオインフォマティクスに関するメーリングリ
ストは Google Groups で続いている(https://groups.google.com/
group/bioinformatics-jp)。だが，それほど活発ではない。
　twitter の出現が影響しているのだろうか？
　確かに生命科学データ解析関係の研究者は twitter をやっている人が多い。
何か知りたいときは，今なら Google などのインターネット検索もあるし，さ
らにゆるく質問してみたいときは twitter で，ということも多いようである。
本書にかかわるつぶやきはハッシュタグ #drbonobon をつけていただければ
幸いである。
　しかし，オフラインでのつながりは重要である。人と人とのつながりのきっ
かけは，直接会ったから，ということを現在でもよく聞く。各種勉強会がさ
まざまなテーマで開かれているので，参加して人脈を作るというのも重要な
情報収集方法なのである。

に動かなくなるということもある。悩ましいところではあるが，セキュリティの観点からできる限り，ソフトウェアはアップデートすべきである。

エラーメッセージはググる（検索する）

UNIX コマンドラインでのトラブルシューティングの基本は，**エラーメッセージ(英語)は無視せず読むこと**である。理解できない場合でもそのメッセージをググってみて，その結果からどういったエラーで処理が止まってしまったのかを理解することが問題解決への早道である。そして，それでもわからないような場合は，達人と思われる人をフォローして，twitter で尋ねてみるとよい（p.89 のコラム「Dr. Bono から：2020 年代の情報収集方法」参照）。

3.2　データの形式

さまざまな種類のデータ形式

データの形式の分類にはいくつか種類があるが，どれも「データ形式」という同じ表現を用いているため,非常にややこしいことになっている。例えば，Microsoft の Word 形式や PowerPoint 形式といった汎用のソフトウエアで扱うファイルも「データ形式」の一種ではあるが，生命科学データ解析ではそれらのデータ形式は直接的には扱わない。

ここでは，まずテキスト形式とバイナリ形式という比較的汎用のデータ（ファイル）形式の分類を説明し，その後に生命科学分野で使われるさまざまなデータ（ファイル）形式に関して説明する。

テキスト形式とバイナリ形式

コンピュータ上で扱うデータには，その記述されている中身に応じて大きく分けて，テキスト形式とバイナリ（binary）形式がある。

テキスト形式は,アスキー（ASCII）形式とも呼ばれ,生命科学系で扱うデータ形式の多くはこれであり，プレーンテキストあるいはフラットファイルとも呼ばれる。ファイル拡張子に `.txt` がつけられ，ファイルをダブルクリッ

クして開くとテキストエディタが起動し，中身が見ることのできるファイルのことだ。

　バイナリ形式は，コンピュータが読むことのできる0と1のみで書かれたデータの形式である。次世代シークエンサーから出力されたデータが流通し，大量のデータ処理が必要になってきて，最近では一部のデータ形式がバイナリ形式となっている。バイナリ形式は，データの読み込みを速くする，データサイズを小さくする（ファイル圧縮）目的で使われることが多い。バイナリ形式のファイルは通常，専用アプリケーションでないと開けない。

ファイルの圧縮

　ファイル圧縮とは，ファイルサイズを減らす技術である。バイナリファイルはすでに圧縮されているのでこれ以上ファイルサイズが小さくならないが，テキストファイルはファイルサイズをかなり小さくできる。

　2020年現在，macOS でも Windows でも一般の事務作業によく使われているのは zip 圧縮で，複数のファイルを1つにまとめることも同時に行える。この zip 圧縮されたファイルのことを「zip 形式」と呼ぶ。ファイル形式には違いないが，zip 圧縮されたというだけで，その元々のファイル形式のことを指しているわけではないので，注意が必要である。これに対して UNIX でよく使われるのは gzip 圧縮と呼ばれるもので，

```
% gzip hoge.txt
```

とするとファイルが圧縮され，**hoge.txt.gz** というファイルが生成される（これまた，gzip もしくは gz 形式と呼ばれることがあるので注意）。この gzip 圧縮は複数のファイルを1つにまとめることは同時にはできないので，複数のファイルがあるときには，まず **tar** *コマンドを使って1つのファイルにまとめる。

```
% tar cvf hoged.tar hoged/
```

hoged ディレクトリ以下にあるファイルが1つにまとめられ，**hoged.tar** というファイルになる。これだけではファイルを1つにまとめただけで，ファ

? 　**何て呼んだらいいの**

gzip
ジージップと呼ぶ
gz
ジーゼットと呼ぶ
tar
ターと呼ぶ

tar は，tape archive の頭文字に由来するコマンド名で，データをバックアップする際にテープデバイスに書き込むために使われていたコマンドである。テープに書き込むには複数のファイルが1つのファイルになっている必要があったため，このコマンドがファイルをまとめるコマンドとして今も使われている。

イル圧縮されていないので，引き続き，

```
% gzip hoged.tar
```

として **hoged.tar.gz** というファイルを作成する。そして，それをウェブサイトにアップしたり，電子メールに添付したりするわけだ。なお，上記 2 つのコマンドは以下のようにすれば一度に圧縮されたファイルが得られる。

```
% tar zcvf hoged.tar.gz hoged/
```

逆に圧縮されたファイルを展開する（解凍する，ともいう）には，

```
% gunzip hoge.txt.gz
```

もしくは，gzipの-dオプションを使って，**gzip -d hoge.txt.gz** としてもよい。この2つのコマンドはまったく同じ意味である。

とする*。そして，展開されると **hoge.txt** というファイルが生成（復元）され，元の **hoge.txt.gz** というファイルは消去される。

　また，**tar** でまとめられたファイル（tarball と呼ばれる）の圧縮を解き，複数のファイルに戻す（これも単に「展開する」という）には，

```
% tar zxvf hoged.tar.gz
```

実は，macOSのGUIでは，ファイルをダブルクリックすれば自動的にファイルが展開される。

とする*。

　gzip よりも圧縮効率のよい方法として **bzip2** というコマンドがファイルサイズが大きなデータを扱うことの多い NGS データの圧縮などではよく使われている。**bzip2** の使い方は **gzip** と同じで，

？　何て呼んだらいいの

bzip2
ビージップツーと呼ぶ
bz2
ビーゼットツーと呼ぶ

```
% bzip2 hoge.fastq
```

で圧縮すると，**hoge.fastq.bz2** というファイル名の圧縮されたファイルが生成される。この例では，**hoge.fastq** という FASTQ 形式（後述）のファイルを圧縮しており，圧縮されたファイルは「bzip2 圧縮された FASTQ（形式のファイル）」と呼ばれる。

コラム

スレッドとは

　スレッド(thread)は，thread of execution（実行の脈絡）という言葉を省略したもので，CPU利用の単位である。ハイパースレッディングとは，従来CPUのコア1つに1つしか搭載していなかったコードを実行する装置を複数搭載して，コードの処理能力を向上したものである。例えば，コア数が2つのデュアルコアのMacBookProだと，ハイパースレッディングのおかげで実行可能なスレッド数は4つあるように見える。

　以下のコマンドで bz2 圧縮されたファイルが展開され，`hoge.fastq` というファイルが生成される。`gunzip` のときと同様，`hoge.fastq.bz2` というファイルは消去される。

```
% bunzip2 hoge.fastq.bz2
```

また `bzip2` は `tar` コマンドからも利用可能である。以下のコマンドで，ファイルを1つにまとめつつ圧縮できる。

```
% tar jcvf hoged.tar.bz2 hoged/
```

この逆の展開は以下のコマンドとなる。

```
% tar jxvf hoged.tar.bz2
```

なお，`gunzip` や `bunzip2` の場合と異なり，`tar` でまとめる（もしくは展開する）場合，元のファイルは消去されずに残る。

　測定機器，特にシークエンサーから得られるデータ量は大きくなるばかりで，それをファイル圧縮して保存しておくなり，別のハードディスクに転送するなりすることが当たり前になっている。かつては CPU のクロック数が上がることでこの圧縮が速くなることが望めたが，最近はクロック数はそれほど伸びなくなってきた。その代わりに1つのマシンが持つコア数が増え，並列計算で実時間での短縮化を実現することがよい解法となってきている。ファイル圧縮のプログラムとして長らく上述の `gzip` や `bzip2` が使われてきたが，これらは

並列化されておらず，1 つのファイルあたり数 G から数十 Gbyte ある FASTQ
ファイルの圧縮 / 解凍に長い時間待たされることが多くなってきていた。

　並列版の **gzip** と **bzip2** が，それぞれ **pigz** と **pbzip2** というコマンド名
で開発されており，これらを使わない手はない。これらはシステムに標準で
入っていないので，利用するにはこれらのコマンドを追加で別途インストー
ルする必要がある。macOS なら Homebrew で，Linux（Ubuntu）では apt
コマンドでインストール可能である。

　使い方は以下のような感じで，使うスレッド数を指定する必要は特になく，
デフォルトで利用可能なスレッドのすべてがシステム構成に応じて指定される。

```
% pbzip2 large.fastq
% pbzip2 -d large.fastq.gz
```

デフォルトで CPU を使えるだけ使うため，長くかかるプロセスを実行する際
によくやるバックグラウンドで実行しなくても，早く終るはずである。なお，
バックグラウンドで実行というのは，以下のようにコマンドの最後に **&** をつ
け，コマンドを実行するものの，すぐに次のコマンドの入力を受け付けられ
るようにするものである。

```
% pbzip2 large.fastq &
```

ただ，**pbzip2** コマンドは利用可能な CPU をすべて使うので，このプロセス
が終了する前に，並行して重い計算を実行したりするとそちらに CPU 時間が
奪われ，**pbzip2** の実行は遅くなる。バックグラウンドで実行する場合は，
このようなことを知っておく必要がある。

　なお，このような重いコマンドを実行する場合，コマンドの前に **time** と
つけて CPU 時間がどれぐらいかかったかを計測するようにするとよい。たと
えば，次のようにする。

```
% time pbzip2 large.fastq
pbzip2 large.fastq  61.58s user 0.59s system 366% cpu 16.949 total
```

2行目はコマンドでなく，その計測値の出力である。これによると並列化がなされ，1 CPU であれば，ユーザー時間 61.58 秒＋システム時間 0.59 秒の時間がかかるところ*，実時間 16.949 秒で実行が終わったということがわかる。結果として，(61.58＋0.59)/16.949＝3.66 倍のスピードアップとなっており，それが **366% cpu** という記述に現れている。

生命科学データの形式は？

生命科学データ解析で用いられるデータの形式というときには，テキスト形式かバイナリ形式かの区別というよりも，別の分類を意味することが多い。例えば，GenBank 形式や FASTA 形式というように，中身のデータがテキストファイル中でどう記述されているか，ということを問題にしている。

テキスト形式かバイナリ形式かの分類でいうと，生命科学で扱うデータの多くは，テキスト形式である。ファイルサイズが大きくなるために，圧縮された形式が用いられることがある。例えば，リファレンスゲノム配列に対するアラインメントの形式 SAM を圧縮した BAM がそうである。

テキスト形式なので，ファイル拡張子としては **.txt** が付与されていることが多いが，そうでないケースも多数ある。また最近の OS ではファイル拡張子が表示されない設定がデフォルトの場合もあるので注意が必要である。

テキスト形式であれば，そのまま上述の **less** などのファイルページャーと呼ばれる，ファイルの中身を1ページごとに表示するコマンドで見ることができる。また **gzip** や **bzip2** により圧縮されたファイルを直接中身を見ることができる **zless** というコマンドもあり，すべてを展開する必要がなく便利である。

```
% zless large.fastq.gz
```

上記のコマンドは，以下のコマンドでも実現可能である。

```
% gzip -cd large.fastq.gz | less
```

p. 79のコラム「なぜコマンドlessか？」参照

> ＊ UNIXコマンドの実行時間は，ユーザー時間（user）とシステム時間（system）の合計からなり，前者はプログラミングなどで短縮することが可能だが，後者はシステム内部で消費された時間でこれ以上減らしようがない時間となっている。

テキスト形式だとファイル圧縮でファイルサイズを小さくすることが可能である。そこで、ファイルサイズを減らす目的で、前項で詳しく言及した **gzip** や **bzip2** 圧縮がよく用いられる。この **gzip** や **bzip2** によるファイル圧縮は生命科学分野に限ったことでなく、汎用なやり方である。

以下の項で生命科学研究に特化したファイルフォーマットやファイル圧縮方式について言及する。

📗 圧縮については、『生命科学者のためのDr. Bonoデータ解析実践道場』p.27の「ファイルの圧縮と展開」参照

3.3 生命科学分野で使われてきたデータ形式

はじめに

◁── フラットファイルは、p.90（「テキスト形式とバイナリ形式」）参照

> **❓ 何て呼んだらいいの**
>
> **HTML**
> エイチティーエムエルと呼ぶ
> **XML**
> エックスエムエルと呼ぶ
> **JSON**
> ジェイソンと呼ぶ
> **RDF**
> アールディーエフと呼ぶ

生命科学においては、ウェブページの記述言語として現在も使われているHTML（Hyper Text Markup Language）やXML（Extensive Markup Language）が現在のように広まる以前から、NCBIにより、ASN.1（Abstract Syntax Notation One）という記法が使われてきた。とはいえ、NCBIから配布されているツールを利用してそれらを利用することもなされてきたが、主に利用されてきたのはフラットファイル形式のテキストであった。

その後、XMLが広く使われるようになり、最近では、JavaScriptプログ

> **❓ 何て呼んだらいいの**
>
> **RDB**
> アールディービーと呼ぶ
> **SQL**
> エスキューエル、または
> シークェルと呼ぶ

> **コラム**
>
> ### 関係データベース
>
> 関係データベース（Relational DataBase：RDB）とは、関係モデルにもとづいて設計、開発されるデータベースである。関係モデルは、2020年現在も最も広く用いられているデータベースモデルで、そのマネージメントシステム（RDBMS：RDB Management System）としてMySQLやPostgreSQLといったオープンソースによるRDBの実装が広く普及している。これらが普及し出したのは2000年頃で、それより前にも商用のOracleやSybaseといったものがあったが、ライセンス料が非常に高く、RDBの利用は現実的ではなかった。生命科学系でも同じ頃から広く使われるようになり、筆者も当時PostgreSQLを使ったマイクロアレイDBを作成したことがある（https://doi.org/10.1093/nar/30.1.211）。現在でも、MySQLやPostgreSQLは生命科学系DBやウェブツールのバックエンドとして広く利用されている。なお、このRDBMSに対してデータの操作や定義を行うのがSQLと呼ばれる言語で、標準規格化されている。

ラミング言語の一部をベースに作られた JSON（JavaScript Object Notation）もよく使われている。JSON が軽量のデータ交換フォーマットで，人間にとって読み書きが容易で，マシンにとっても簡単にパースや生成を行えて，関係データベース（コラム「関係データベース」参照）へのロードも容易な形式だからだろう。しかしながら，2020 年の現在でも相変わらずスプレッドシート型のタブ区切りテキストには根強い人気がある。

2020 年現在, Resource Description Framework（RDF）と呼ばれるウェブ上にあるリソースを記述するための統一された枠組みが生命科学データの記述に用いられ，第 2 章で解説した多くの公共 DB で実際に使われている。NBDC/DBCLS の各種 DB（`https://integbio.jp/rdf/`）や EBI のゲノム DB の Ensembl や化合物 DB の ChEMBL，遺伝子発現 DB の Expression Atlas，タンパク質 DB の UniProt など（`https://www.ebi.ac.uk/rdf/`）のほか，NCBI の化合物 DB の PubChem（`https://pubchem.ncbi.nlm.nih.gov/rdf/`）や文献用の制限語彙を集めた MeSH（Medical Subject Headings, `https://id.nlm.nih.gov/`）などでその利用が進んでいる。いろいろと乗り越えないといけない技術的な問題点はあるにせよ，今後は RDF でのデータ交換が進むと考えられる。

表3.2　2020年代のデータ解析においてよく使われる配列フォーマットとその用途

ファイルフォーマット名	ファイル拡張子		主な用途
FASTA	`.fa` `.fasta`	`.mfa`	塩基配列, アミノ酸配列記述
DDBJ (Genbank)	`.dbj` `.gbk`		メタデータを含めた塩基配列やアミノ酸配列の記述
FASTQ	`.fq` `.fastq`		次世代シークエンサーから得られる塩基配列とその sequence quality の記述
SRA/SRA-lite	`.sra` `.lite.sra`		FASTQを圧縮した独自フォーマット
SAM/BAM	`.sam` `.bam`		リファレンスゲノム配列に対してマッピングした結果のフォーマット
GTF (GFF)	`.gtf` `.gff`		ゲノムアノテーションのフォーマット
BED	`.bed`		
VCF/BCF	`.vcf` `.bcf`		遺伝子バリアントを記述するフォーマット

ファイル拡張子に関しては, 使われることが多いものをあげたが, ここに記したもののいずれかでないといけないというわけではない。詳細は本文参照。

　　ここでは主に表3.2にまとめた塩基配列・アミノ酸配列などを記述するためのデータ形式とその詳細に関して以下に個別に述べていく。

FASTA 形式

? 何て呼んだらいいの

FASTA
日本ではファスタ，欧米ではファスト・エーと呼ぶことが多い

　　配列類似性検索プログラム FASTA で使われている配列データ形式である。その中身は，

1行目に **>** で始まる1行のヘッダ行
2行目以降に実際の配列文字列
という形式になっている。以下にその実例を示す。

```
>LC170036.1 Bombyx mori eno1 mRNA for enolase, complete cds
ATGGTAATAAAATCAATCAAGGCTCGTCAAATCTTTGACTCTCGTGGCAACCCTACAGTGGAAGTTGATC
TGGTAACAGAGCTTGGCTTGTTCCGGGCAGCTGTACCCTCTGGTGCCTCCACTGGTGTTCATGAAGCTCT
TGAACTGAGAGATAACATCAAGAGTGAATATCATGGCAAGGGAGTTTTGACCGCAATCAAAAATATCAAT
GAACTCATTGCTCCTGAACTTACCAAAGCCAACCTTGAAGTAACCCAACAGAGAGAGATTGATGAACTCA
TGCTTAAGTTGGATGGCACTGAGAACAAATCCAAACTGGGTGCTAATGCTATCCTTGGAGTTTCCCTAGC
TGTTGCTAAGGCTGGTGCTGCCAAGAAAAATGTTCCGCTGTACAAGCACTTGGCTGATTGGCTGGAAAT
AATGATATTGTTCTACCTGTACCAGCTTTCAATGTGATCAATGGAGGATCACATGCTGGAAATAAACTTG
CCATGCAGGAATTCATGATTTTCCCTACAGGGGCGTCCACCTTCAGTGAAGCCATGAGGATGGGTTCAGA
AGTGTACCACCATTTGAAAAAGATCATTAAGGAGAAGTTTGGATTGGACTCTACGGCTGTTGGTGATGAA
GGTGGTTTTGCACCAAACATACAAAACAACAAGGATGCTCTTTATCTGATTCAGGATGCTATCCAGAAAG
CTGGCTATGCTGGCAAGATCGACATTGGCATGGATGTAGCCGCCTCTGAGTTCTTCAAGGATGGTAAATA
CGACCTTGACTTTAAAAATCCCGATTCCAATCCAGGCGACTACCTGTCATCAGAGAAATTAGCTGATGTC
TATTTGGACTTCATCAAAGATTTTCCCATGGTGTCCATTGAGGATCCTTTTGACCAGGATGATTGGTCTG
CATGGGCTAACCTCACCGGACGCACGCCTATTCAGATTGTTGGTGATGATCTGACGGTGACAAACCCTAA
GCGTATCGCTACTGCAGTTGAGAAGAAGGCATGCAACTGTCTGCTATTGAAGGTCAATCAGATCGGTAGC
GTAACAGAGTCAATTGATGCTCACTTGCTGGCCAAGAAGAACGGATGGGGCACAATGGTCTCTCACAGAT
CTGGTGAGACCGAAGATACCTTTATTGCCGACCTGGTAGTTGGTTTGTCCACGGGTCAGATCAAGACCGG
CGCCCCGTGTCGCTCGGAGCGTCTCGCCAAGTACAACCAAATTCTGCGCATTGAAGAGGAACTTGGTGTC
AACGCCAAATACGCCGGGAAGAACTTCCGTAGACCGGTCTAA
```

　　1行目のヘッダ行は何を書いても問題ない。実は単に **>** だけでもかまわない。しかし，実際にはこの例のようにアクセッション番号（accession number）であることが多い。アクセッション番号とは文字通り「受付番号」あるいは「登録番号」で，公共 DB に登録した際に付けられた ID のことである。この例（**LC170036**）では，INSD（International Nucleotide Sequence Database）の登録番号（accession number）が記されている。このアクセッション番号は，論文掲載の必須条件となっている。データを他の研究者に再利用してもらい研究の価値を高める上で非常に重要である。

　日本では国立遺伝学研究所の DDBJ (DNA Data Bank of Japan, `https://www.ddbj.nig.ac.jp/`) が配列データの登録を受けつけており，日本語での
やりとりが可能である。さらに厳密にいえば，この例の **LC170036.1** はアク
セッション番号と書いたが，「アクセッション番号（この例の場合，
LC170036）＋バージョン（この場合，1）」である。データが更新されると
後の数字が増えていく仕組みとなっている。

　また，FASTA 形式は 1 つの塩基配列やアミノ酸配列だけでなく，複数の配
列を記述するためにしばしば利用され，そのときには，multi-FASTA 形式と
呼ばれる。multi-FASTA に関しては，それを意味するファイル拡張子とし
て **.mfa** が使われることが多いが，**.fasta** や **.fa** のものも多数出回っている。
multi-FASTA 形式は単に FASTA 形式と呼ばれることが多い。以下に multi-
FASTA 形式の例を示す。

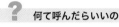

何て呼んだらいいの

multi-FASTA
マルチファスタ，または
マルチファスト・エーと呼ぶ

```
>gi|31543380|ref|NP_009193.2| protein DJ-1 [Homo sapiens]
MASKRALVILAKGAEEMETVIPVDVMRRAGIKVTVAGLAGKDPVQCSRDVVICPDASLEDAKKEGPYDVV
VLPGGNLGAQNLSESAAVKEILKEQENRKGLIAAICAGPTALLAHEIGFGSKVTTHPLAKDKMMNGGHYT
YSENRVEKDGLILTSRGPGTSFEFALAIVEALNGKEVAAQVKAPLVLKD
>gi|73956706|ref|XP_859031.1| PREDICTED: protein deglycase DJ-1 [Canis lupus familiaris]
MASKRALVILAKGAEEMETVIPVDVMRRAGIKVTVAGLAGKDPVQCSRDVIICPDASLEDAKKEGPYDVV
ILPGGNLGAQNLCESAAVKEILKEQENRKGLIAAICAGPTALLAHEIGFGSKVTTHPLAKDKMMNGSHYS
YSENRVEKDGLILTSRGPGTSFEFALAIVEALSGKDVADQVKAPLVLKD
>gi|62751849|ref|NP_001015572.1| protein DJ-1 [Bos taurus]
MASKRALVILAKGAEEMETVIPVDVMRRAGIKVTVAGLAGKDPVQCSRDVVICPDASLEDAKKEGPYDVV
VLPGGNLGAQNLSESAAVKEILKEQEKRKGLIAAICAGPTALLAHEIGFGSKVTTHPLAKDKMMNGSHYS
YSENRVEKDGLILTSRGPGTSFEFALKIVEVLVGKEVADQVKAPLVLKD
>gi|55741460|ref|NP_065594.2| protein DJ-1 [Mus musculus]
MASKRALVILAKGAEEMETVIPVDVMRRAGIKVTVAGLAGKDPVQCSRDVMICPDTSLEDAKTQGPYDVV
VLPGGNLGAQNLSESPMVKEILKEQESRKGLIAAICAGPTALLAHEVGFGCKVTTHPLAKDKMMNGSHYS
YSESRVEKDGLILTSRGPGTSFEFALAIVEALVGKDMANQVKAPLVLKD
>gi|471013491|ref|NP_001264180.1| protein deglycase DJ-1 isoform 2 [Rattus norvegicus]
MASKRALVILAKGAEEMETVIPVDIMRRAGIKVTVAGLAGKDPVQCSRDVVICPDTSLEEAKTQGPYDVV
VLPGGNLGAQNLSESALVKEILKEQENRKGLIAAICAGPTALLAHEVGFGCKVTSHPLAKDKMMNGSHYS
YSESRVEKDGLILTSRGPGTSFEFALAIVEALSGKDMANQVKAPLVLKD
>gi|45383015|ref|NP_989916.1| protein DJ-1 [Gallus gallus]
MASKRALVILAKGAEEMETVIPTDVMRRAGIKVTVAGLTGKEPVQCSRDVLICPDASLEDARKEGPYDVI
VLPGGNLGAQNLSESAAVKDILKDQESRKGLIAAICAGPTALLAHGIGFGSKVITHPLAKDKMMNGAHYC
YSESRVEKDGNILTSRGPGTSFEFGLAIVEALMGKEVAEQVKAPLILKD
>gi|54400374|ref|NP_001005938.1| protein DJ-1zDJ-1 [Danio rerio]
MAGKRALVILAKGAEEMETVIPVDVMRRAGIAVTVAGLAGKEPVQCSREVMICPDSSLEDAHKQGPYDVV
LLPGGLLGAQNLSESPAVKEVLKDQEGRKGLIAAICAGPTALLAHGIAYGSTVTTHPGAKDKMMAGDHYK
YSEARVQKDGNVITSRGPGTSFEFALTIVEELMGAEVAAQVKAPLILKD
>gi|28571932|ref|NP_651825.3| dj-1beta [Drosophila melanogaster]
MVFFGFPQISRHFSKFTKMSKSALVILAPGAEEMEFIIAADVLRRAGIKVTVAGLNGGEAVKCSRDVQIL
PDTSLAQVASDKFDVVVLPGGLGGSNAMGESSLVGDLLRSQESGGGLIAAICAAPTVLAKHGVASGKSLT
SYPSMKPQLVNNYSYVDDKTVVKDGNLITSRGPGTAYEFALKIAEELAGKEKVQEVAKGLLVAYN
```

```
>gi|24653499|ref|NP_610916.1| DJ-1alpha [Drosophila melanogaster]
MLSVLRKSFPNGVTHAHRVIRCKSNQDKCAKNALIILAPGAEEMEFTISADVLRRGKILVTVAGLHDCEP
VKCSRSVVIVPDTSLEEAVTRGDYDVVVLPGGLAGNKALMNSSAVGDVLRCQESKGGLIAAICAAPTALA
KHGIGKGKSITSHPDMKPQLKELYCYIDDKTVVQDGNIITSRGPGTTFDFALKITEQLVGAEVAKEVAKA
MLWTYKP
>gi|17531319|ref|NP_493696.1| Glutathione-independent glyoxalase DJR-1.1 [Caenorhabditis elegans]
MAQKSALIILAAEGAEEMEVIITGDVLARGEIRVVYAGLDGAEPVKCARGAHIVPDVKLEDVETEKFDIV
ILPGGQPGSNTLAESLLVRDVLKSQVESGGLIGAICAAPIALLSHGVKAELVTSHPSVKEKLEKGGYKYS
EDRVVVSGKIITSRGPGTAFEFALKIVELLEGKDKATSLIAPMLLKL
>gi|17558714|ref|NP_504132.1| Glutathione-independent glyoxalase DJR-1.2 [Caenorhabditis elegans]
MAAQKSALILLPPEDAEEIEVIVTGDVLVRGGLQVLYAGSSTEPVKCAKGARIVPDVALKDVKNKTFDII
IIPGGPGCSKLAECPVIGELLKTQVKSGGLIGAICAGPTVLLAHGIVAERVTCHYTVKDKMTEGGYKYLD
DNVVISDRVITSKGPGTAFEFALKIVETLEGPEKTNSLLKPLCLAK
```

ここで示した multi-FASTA 形式ファイルは，NCBI HomoloGene より取得した PARK7 とそのホモログのアミノ酸配列である。> で始まるヘッダー行とそれに続いてアミノ酸配列が記述されており，それが繰り返し現れることで複数の配列が示されている。この例では，FASTA のヘッダーが，

　　>gi|31543380|ref|NP_009193.2| protein DJ-1 [Homo sapiens]

となっているが，> の直後の ID は，

　　gi|31543380|ref|NP_009193.2|

となっていて，｜（パイプ）で分けられた形になっている。これはこのエントリ＊は，gi では **31543380**，ref（RefSeq を意味する）では **NP_009193.2** という ID である，という意味の記法で，しばしば利用される（p.102 のコラム「GI とは？」参照）。

個々のDBレコードのことをDBエントリ，また単にエントリと呼ぶ。

RefSeqは，p.35（「使いやすさのための二次データベース」）参照

　また，以下の多重配列アラインメントの形式として，ギャップを入れた multi-FASTA 形式も最近の多重配列アラインメントソフトウェアでよく用いられるようになっている。

```
>gi|31543380|ref|NP_009193.2| protein DJ-1 [Homo sapiens]
-------------------------MASKRALVILA-KGAEEMETVIPVDVMRRAGIK
VTVAGLAGKDPVQCSRDVVICPDASLEDAKKEGPYDVVVLPGGNLGAQNLSESAAVKEIL
KEQENRKGLIAAICAGPTALLAHEIGFGSKVTTHPLAKDKMMNGGHYTYS-ENRVEKDGL
ILTSRGPGTSFEFALAIVEALNGKEVAAQVKAPLVLKD--
>gi|73956706|ref|XP_859031.1| PREDICTED: protein deglycase DJ-1 [Canis lupus familiaris]
-------------------------MASKRALVILA-KGAEEMETVIPVDVMRRAGIK
VTVAGLAGKDPVQCSRDVIICPDASLEDAKKEGPYDVVILPGGNLGAQNLCESAAVKEIL
KEQENRKGLIAAICAGPTALLAHEIGFGSKVTTHPLAKDKMMNGSHYSYS-ENRVEKDGL
ILTSRGPGTSFEFALAIVEALSGKDVADQVKAPLVLKD--
```

```
>gi|62751849|ref|NP_001015572.1| protein DJ-1 [Bos taurus]
------------------------MASKRALVILA-KGAEEMETVIPVDVMRRAGIK
VTVAGLAGKDPVQCSRDVVICPDASLEDAKKEGPYDVVVLPGGNLGAQNLSESAAVKEIL
KEQEKRKGLIAAICAGPTALLAHEIGFGSKVTTHPLAKDKMMNGSHYSYS-ENRVEKDGL
ILTSRGPGTSFEFALKIVEVLVGKEVADQVKAPLVLKD--
>gi|55741460|ref|NP_065594.2| protein DJ-1 [Mus musculus]
------------------------MASKRALVILA-KGAEEMETVIPVDVMRRAGIK
VTVAGLAGKDPVQCSRDVMICPDTSLEDAKTQGPYDVVVLPGGNLGAQNLSESPMVKEIL
KEQESRKGLIAAICAGPTALLAHEVGFGCKVTTHPLAKDKMMNGSHYSYS-ESRVEKDGL
ILTSRGPGTSFEFALAIVEALVGKDMANQVKAPLVLKD--
>gi|471013491|ref|NP_001264180.1| protein deglycase DJ-1 isoform 2 [Rattus norvegicus]
------------------------MASKRALVILA-KGAEEMETVIPVDIMRRAGIK
VTVAGLAGKDPVQCSRDVVICPDTSLEEAKTQGPYDVVVLPGGNLGAQNLSESALVKEIL
KEQENRKGLIAAICAGPTALLAHEVGFGCKVTSHPLAKDKMMNGSHYSYS-ESRVEKDGL
ILTSRGPGTSFEFALAIVEALSGKDMANQVKAPLVLKD--
>gi|45383015|ref|NP_989916.1| protein DJ-1 [Gallus gallus]
------------------------MASKRALVILA-KGAEEMETVIPTDVMRRAGIK
VTVAGLTGKEPVQCSRDVLICPDASLEDARKEGPYDVIVLPGGNLGAQNLSESAAVKDIL
KDQESRKGLIAAICAGPTALLAHGIGFGSKVITHPLAKDKMMNGAHYCYS-ESRVEKDGN
ILTSRGPGTSFEFGLAIVEALMGKEVAEQVKAPLILKD--
>gi|54400374|ref|NP_001005938.1| protein DJ-1zDJ-1 [Danio rerio]
------------------------MAGKRALVILA-KGAEEMETVIPVDVMRRAGIA
VTVAGLAGKEPVQCSREVMICPDSSLEDAHKQGPYDVVVLPGGLLGAQNLSESPAVKEVL
KDQEGRKGLIAAICAGPTALLAHGIAYGSTVTTHPGAKDKMMAGDHYKYS-EARVQKDGN
VITSRGPGTSFEFALTIVEELMGAEVAAQVKAPLILKD--
>gi|28571932|ref|NP_651825.3| dj-1beta [Drosophila melanogaster]
---MVFFGFPQ-------ISRHFSKFTKMSKSALVILA-PGAEEMEFIIAADVLRRAGIK
VTVAGLNGGEAVKCSRDVQILPDTSLAQ-VASDKFDVVVLPGGLGGSNAMGESSLVGDLL
RSQESGGGLIAAICAAPTVLAKHGVASGKSLTSYPSMKPQLVN--NYSYVDDKTVVKDGN
LITSRGPGTAYEFALKIAEELAGKEKVQEVAKGLLVAYN-
>gi|24653499|ref|NP_610916.1| DJ-1alpha [Drosophila melanogaster]
MLSVLRKSFPNGVTHAHRVIRCKSNQDKCAKNALIILA-PGAEEMEFTISADVLRRGKIL
VTVAGLHDCEPVKCSRSVVIVPDTSLEEAVTRGDYDVVVLPGGLAGNKALMNSSAVGDVL
RCQESKGGLIAAICAAPTALAKHGIGKGKSITSHPDMKPQLKE--LYCYIDDKTVVQDGN
IITSRGPGTTFDFALKITEQLVGAEVAKEVAKAMLWTYKP
>gi|17531319|ref|NP_493696.1| Glutathione-independent glyoxalase DJR-1.1 [Caenorhabditis elegans]
------------------------MAQKSALIILAAEGAEEMEVIITGDVLARGEIR
VVYAGLDGAEPVKCARGAHIVPDVKLED-VETEKFDIVILPGGQPGSNTLAESLLVRDVL
KSQVESGGLIGAICAAPIALLSHGVKA-ELVTSHPSVKEKLEKG-GYKYS-EDRVVVSGK
IITSRGPGTAFEFALKIVELLEGKDKATSLIAPMLLKL--
>gi|17558714|ref|NP_504132.1| Glutathione-independent glyoxalase DJR-1.2 [Caenorhabditis elegans]
------------------------MAAQKSALILLPPEDAEEIEVIVTGDVLVRGGLQ
VLYAGS-STEPVKCAKGARIVPDVALKD-VKNKTFDIIIIPGG-PGCSKLAECPVIGELL
KTQVKSGGLIGAICAGPTVLLAHGIVA-ERVTCHYTVKDKMTEG-GYKYL-DDNVVISDR
VITSKGPGTAFEFALKIVETLEGPEKTNSLLKPLCLAK--
```

このギャップ入りの multi-FASTA 形式は，上述の multi-FASTA 形式のファイル（NCBI HomoloGene より取得した PARK7 とそのホモログ）を Clustal Omega で多重配列アラインメントした結果である。**アミノ酸配列の中に - で表されたギャップが入り**，位置情報に意味が付与され，アラインメントされた結果，それぞれのエントリがすべて同じ長さとなっている。

⇒ Clustal Omega は，p.142 参照

Jalviewは, p.144参照

　この multi-FASTA 形式のファイルは，すでに多重配列アラインメントされているので，Jalview などのソフトウェアに読み込ませるとそのまま可視化できる。

DDBJ（GenBank）形式

　DDBJ/ENA/GenBank で使われている形式で，DDBJ 形式や GenBank 形式などと呼ばれる。塩基配列関連業界では，単に「フラットファイル形式」とも呼ばれる。この形式のファイルには，**FASTA 形式には含まれていないような，その配列にまつわるさまざまな付加情報（アノテーションと呼ばれる）が含まれている。**古くから配列データの基本といえるフォーマットである。以下の例は DDBJ の getentry（https://getentry.ddbj.nig.ac.jp/）から取得したもので，Genbank から取得したものと記載の順序など若干の違いがあるものの，書かれている情報としては同一である。

? 何て呼んだらいいの
GI
ジーアイと呼ぶ

> **コラム**
>
> ### GIとは？
>
> 　GIとは，NCBIが長らく使用してきた内部IDのことである。p.99のmulti-FASTA形式は，本文でも書いたとおり，NCBI HomoloGeneから取得したものだが，そのGIがFASTAヘッダ中にまだ残っている。
>
> ```
> >gi|31543380|ref|NP_009193.2| protein DJ-1 [Homo sapiens]
> ```
>
> の**31543380**がそのGIである。
> 　しかし，NCBIはそのGIの使用を2016年に止めるとアナウンスし，順次撤廃されてきている。https://ncbiinsights.ncbi.nlm.nih.gov/2016/07/15/ncbi-is-phasing-out-sequence-gis-heres-what-you-need-to-know/
> 　今後使われなくなるので，このIDを使った配列データ管理はやめたほうがよいだろう。この配列のIDとしてはrefseqを示すIDである**NP_009193.2**の使用をおすすめする。

```
LOCUS       LC170036                1302 bp    mRNA     linear   INV 17-JAN-2017
DEFINITION  Bombyx mori eno1 mRNA for enolase, complete cds.
ACCESSION   LC170036
VERSION     LC170036.1
KEYWORDS    .
SOURCE      Bombyx mori (domestic silkworm)
  ORGANISM  Bombyx mori
            Eukaryota; Metazoa; Ecdysozoa; Arthropoda; Hexapoda; Insecta;
            Pterygota; Neoptera; Holometabola; Lepidoptera; Glossata;
            Ditrysia; Bombycoidea; Bombycidae; Bombycinae; Bombyx.
REFERENCE   1  (bases 1 to 1302)
  AUTHORS   Kikuchi,A. and Tabunoki,H.
  TITLE     Direct Submission
  JOURNAL   Submitted (22-JUL-2016) to the DDBJ/EMBL/GenBank databases.
            Contact:Akira Kikuchi
            Tokyo University of Agriculture and Technology, Animal
            Biochemistry laboratory (Insecta); 3-8-1 Harumicho, Huchu, Tokyo
            183-8509, Japan
            URL    :http://web.tuat.ac.jp/~insecta/
REFERENCE   2
  AUTHORS   Kikuchi,A., Nakazato,T., Ito,K., Nojima,Y., Yokoyama,T.,
            Iwabuchi,K., Bono,H., Toyoda,A., Fujiyama,A., Sato,R. and
            Tabunoki,H.
  TITLE     Identification of functional enolase genes of the silkworm Bombyx
            mori from public databases with a combination of dry and wet bench
            processes
  JOURNAL   BMC Genomics 18, 83 (2017)
  REMARK    Publication Status: Online-Only
            DOI:10.1186/s12864-016-3455-y
COMMENT
FEATURES             Location/Qualifiers
     source          1..1302
                     /country="Japan: Tokyo, Huchu"
                     /db_xref="taxon:7091"
                     /lat_lon="35.6843 N 139.4827 E"
                     /mol_type="mRNA"
                     /organism="Bombyx mori"
                     /PCR_primers="fwd_seq: gtaataaaatcaatcaaggctcg, rev_seq:
                     ttagaccggtctacggaagttct"
                     /strain="Kinshu x Showa"
                     /tissue_type="brain"
     CDS             1..1302
                     /codon_start=1
                     /gene="eno1"
                     /product="enolase"
                     /protein_id="BAW35594.1"
                     /transl_table=1
                     /translation="MVIKSIKARQIFDSRGNPTVEVDLVTELGLFRAAVPSGASTGVH
                     EALELRDNIKSEYHGKGVLTAIKNINELIAPELTKANLEVTQQREIDELMLKLDGTEN
                     KSKLGANAILGVSLAVAKAGAAKKNVPLYKHLADLAGNNDIVLPVPAFNVINGGSHAG
                     NKLAMQEFMIFPTGASTFSEAMRMGSEVYHHLKKIIKEKFGLDSTAVGDEGGFAPNIQ
                     NNKDALYLIQDAIQKAGYAGKIDIGMDVAASEFFKDGKYDLDFKNPDSNPGDYLSSEK
                     LADVYLDFIKDFPMVSIEDPFDQDDWSAWANLTGRTPIQIVGDDLTVTNPKRIATAVE
                     KKACNCLLLKVNQIGSVTESIDAHLLAKKNGWGTMVSHRSGETEDTFIADLVVGLSTG
                     QIKTGAPCRSERLAKYNQILRIEEELGVNAKYAGKNFRRPV"
```

```
BASE COUNT           362 a          285 c          318 g          337 t
ORIGIN
        1 atggtaataa aatcaatcaa ggctcgtcaa atctttgact ctcgtggcaa ccctacagtg
       61 gaagttgatc tggtaacaga gcttggcttg ttccgggcag ctgtaccctc tggtgcctcc
      121 actggtgttc atgaagctct tgaactgaga gataacatca agagtgaata tcatggcaag
      181 ggagttttga ccgcaatcaa aaatatcaat gaactcattg ctcctgaact taccaaagcc
      241 aaccttgaag taacccaaca gagagagatt gatgaactca tgcttaagtt ggatggcact
      301 gagaacaaat ccaaactggg tgctaatgct atccttggag tttccctagc tgttgctaag
      361 gctggtgctg ccaagaaaaa tgttccgctg tacaagcact tggctgattt ggctggaaat
      421 aatgatattg ttctacctgt accagctttc aatgtgatca atggaggatc acatgctgga
      481 aataaacttg ccatgcagga attcatgatt ttccctacag gggcgtccac cttcagtgaa
      541 gccatgagga tgggttcaga agtgtaccac catttgaaaa agatcattaa ggagaagttt
      601 ggattggact ctacggctgt tggtgatgaa ggtggttttg caccaaacat acaaaacaac
      661 aaggatgctc tttatctgat tcaggatgct atccagaaag ctggctatgc tggcaagatc
      721 gacattggca tggatgtagc cgcctctgag ttcttcaagg atggtaaata cgaccttgac
      781 tttaaaaatc ccgattccaa tccagccgac tacctgtcat cagagaaatt agctgatgtc
      841 tatttggact tcatcaaaga ttttcccatg gtgtccattg aggatccttt tgaccaggat
      901 gattggtctg catgggctaa cctcaccgga cgcacgccta ttcagattgt tggtgatgat
      961 ctgacggtga caaaccctaa gcgtatcgct actgcagttg agaagaaggc atgcaactgt
     1021 ctgctattga aggtcaatca gatcggtagc gtaacagagt caattgatgc tcacttgctg
     1081 gccaagaaga acggatgggg cacaatggtc tctcacagat ctggtgagac cgaagatacc
     1141 tttattgccg acctggtagt tggtttgtcc acgggtcaga tcaagaccgg cgccccgtgt
     1201 cgctcggagc gtctcgccaa gtacaaccaa attctgcgca ttgaagagga acttggtgtc
     1261 aacgccaaat acgccgggaa gaacttccgt agaccggtct aa
//
```

LOCUS から始まる行に書かれているものがエントリ名，ACCESSION から始まる行にかかれているものがアクセッション番号である。かつてはエントリ名には配列の分類を意識した名前が付けられていたが，最近登録されたものだとこの例のようにアクセッション番号と同一名となっていることが多い。

　現在では，DDBJ/ENA/GenBank に登録してそのアクセッション番号を取得することは，塩基配列を含む研究論文が論文誌に受理される際の必須条件となっていることが多い。また，日本だと DDBJ に出さなければならないといった研究費使用上の強制はないが，海外では多くの研究費使用条件として，塩基配列決定を行ったならばそれを公共 DB に登録することが義務付けられている。**日本ならば DDBJ に連絡すれば日本語でのやりとりが可能**なので，DDBJ から登録することをおすすめする。第 2 章でもふれたとおり，塩基配列 DB はデータを交換しており，どこに出しても他の DB に反映されるようにできているからである。

　次世代シークエンサーを使った研究の場合，以下で説明する FASTQ ファイルを SRA に登録し，そのアクセッション番号を論文に明記することがまっとうな論文誌では必須条件となっている。

Dr. Bono から

自らの出したデータを他の研究者に再利用されることが研究の価値を高める上でとても大事なので，そのやり方を真似する生命科学以外の研究分野が増えてきている。

FASTQ 形式

　配列フォーマットとして FASTA 形式が長い間使われている。しかしながら，このフォーマットには，Sequence Quality 情報が入る余地がなかった。そのため，Capillary read から大量の配列情報が出てきた際には，Sequence Quality 値は別ファイルとして Trace Archive（p. 32 および表 2.2 参照）に保存するしかなかった（p.106 のコラム「Sequence Quality 値」参照）。

⇨　Capillary read は，p.31 の「キャピラリーシークエンサーから得られる配列」参照

　やがて，次世代シークエンサーから出てきた配列情報が出てきたことにより，FASTA 形式に Sequence Quality 値の情報が足された形式の FASTQ 形式が使われるようになった。現在では，NGS 配列データ形式のデファクトスタンダードは **FASTQ 形式で，これがデータ解析する際の基本となっている。** 現在使われているどのようなシークエンサー（NGS）でも FASTQ 形式のファイルに変換可能となっている。

　FASTQ 形式のファイルの中身はいわゆるプレーンテキストで，普通のエディタソフトで見られる。しかしながらこのファイルは通常数億行あるので，内容をすべてメモリに常駐させるタイプのソフトウェアで開くことは避けたほうがよい。そのようなタイプのソフトウェアがデフォルトで選択されていることが多いようなので（例えば macOS のテキストエディットや Windows のメモ帳），迂闊にダブルクリックしないほうがよい。うっかりダブルクリックしてしまうと，そのアプリケーションが無反応になり，アプリケーションを強制終了するしかなくなるので，くれぐれも開かないように気をつける必要がある。以下に FASTQ 形式のファイルの例を示す。

```
@DRR045547.1 HWI-D00406:44:H97KYADXX:1:1101:1246:2224 length=101
CTGCTTTGATGACACCCACAGCAACTGTCTGTCTCATATCGCGAACAGCGAAACGACCCAGAGGTGGATAGTCAGAGAAGCTCTCGACACACATGGGCTTG
+DRR045547.1 HWI-D00406:44:H97KYADXX:1:1101:1246:2224 length=101
CCCFFFFFHHHHHJJJJJJJJJJJJJJJJJJJJJJJJJJJJJJJJJIJJIJJHHHFFDDDDDDDD>ADDDEDDEEDDDDDDDDDDDDDDDDDDDDDDDDDDDDB
@DRR045547.2 HWI-D00406:44:H97KYADXX:1:1101:1443:2136 length=101
GCGGTGCCGCTTCCTCGTGCCCAGCCCGCAGGTGGCGCTGCACTCGTCCCACTCGCCCCACTCAGTCATCAGGCAGCTGCTGGGAGAGCACTCCTCGTTGA
+DRR045547.2 HWI-D00406:44:H97KYADXX:1:1101:1443:2136 length=101
BCCFDFFFHHHHHJJJJIJJJJJJJJJJJJJJDHIIJJJJJFHHHHFFFDEEEEDDDDDDDDDDDDEDDDDDDDDDDDDDDDBDDDDDDDDDDDDDDDDDDA
@DRR045547.3 HWI-D00406:44:H97KYADXX:1:1101:1458:2155 length=101
GGAATATTCAGCTGGTGGTTTCTTCTGTGTTCAAAATAACTGCTATAGGGCCATGACTTTTAAAGGCAAAAATTTATTGTGAAAAAATTAATTGTGAAGTA
+DRR045547.3 HWI-D00406:44:H97KYADXX:1:1101:1458:2155 length=101
CCCFFFFFHHHHHJJGIJIIJJJJJJJJIIJJJJJJJJJJJIJJIJJJJJJJJJJJJJJJJJJJJJJJJJJJHHHHHGHFFFFFDDDDDEEDDDDEDCD
@DRR045547.4 HWI-D00406:44:H97KYADXX:1:1101:1414:2159 length=101
CGGGGGGAATTTGGCCGCGAGCGGTATGAGGAGAAGACCTTCCAGGAGCGGGTGCTGGGCAGCTTCCAGCAGCTCATGAGGGACTCAACTTTGAATTGGAA
+DRR045547.4 HWI-D00406:44:H97KYADXX:1:1101:1414:2159 length=101
CCCFFFFD56ABDBDCDDDD@6BDD7:BDDDDCBDBCDDCCCDDCCDBDBDDB)7?CCDD?CDBDDDDDDDCAACDDDDDCDDDBBC>ACC@CDCCCCCDDAC
```

```
@DRR045547.5 HWI-D00406:44:H97KYADXX:1:1101:1332:2172 length=101
CTCAGTGGGCCCCCTGAAGGCTGCACTCTCTGAGGAGGAGCTGGAGAAGAAGTCGAAGGCCATCATTGAGGAGTATCTCCATCTCAATGACATGAAGGAAG
+DRR045547.5 HWI-D00406:44:H97KYADXX:1:1101:1332:2172 length=101
CCCFFFFFHHHHHJJJJJIJJJJJJJJJJJJJIJJHJJHIJJJJIJJJJJJJHIIJIHHHHFFFFEEEEEDCDDEEDDDDDDDDDDDDDDDDDDDBDB
```

FASTQ形式のデータは4行1単位となっており，

　1行目に“@”で始まる1行のヘッダ行

　2行目に実際の塩基配列

　3行目に“+”

　4行目に2行目に記述したSequence Quality値

が記載されている。この例はFASTQファイルの先頭20行だけを表示しているものであり，例えばIllumina NextSeq 500の場合，1 runで3億リードほど出てくるため，実際にはこのFASTQファイルは3億×4行＝12億行のデータを含むことになる。

？　それって何だっけ

ベースコール
塩基配列を決定すること。ベースコールというのは，かつてサンガー法で塩基配列決定する際には，電気泳動のレーンのバンドを見て，1人が塩基（A, T, G, C）を読み上げ（＝ベースをコールする），もう1人がそれを記録するという作業が必要だったことに由来する。

コラム

Sequence Quality値

　Sequence Quality値とは，ベースコールが正しく行われない確率の測定値であり，Sanger法用に開発されたものと同様のPhredなどのアルゴリズムにより割り当てられている。各塩基のSequence Quality値（Qとする）は，次の式により表される。

$$Q = -10 \log_{10} (e)$$

　eは，ベースコールが正しく行われない確率の推定値を表す。すなわち，Q値が高いほど，エラーの確率が低いことを意味する。クオリティスコアが20であれば，エラーの確率は0.01，ベースコール精度は99%となる（表3.3）。

表3.3　Sequence Quality値とベースコール精度の関係

Sequence Quality値	ベースコールが正しくない確率	推定ベースコール精度
10	0.1	90%
20	0.01	99%
30	0.001	99.9%
40	0.0001	99.99%

Illumina社ウェブページ「シーケンスクオリティ値」(https://jp.illumina.com/science/education/sequencing-quality-scores.html) 参照

　ファイルがこれほど巨大になってくると，旧来のファイルシステムで扱えるファイルサイズの上限を超える。すなわち，ファイルサイズが 4 Gbyte/file を超え，Windows PC などでよく使われている FAT32 で扱えるファイルサイズを上回る。USB 外付けのハードディスクなどのファイルシステムのフォーマットは途中で変えることはできないので，最初から exFAT などのより大きなファイルサイズが扱えるフォーマットにしておく必要がある（詳細は，p.88 のコラム「外付けディスクと USB フラッシュメモリーを入手したら……」参照）。

　また FASTQ に記載される Sequence Quality 値は，「記号の ASCII コード −33」と対応している。'G' だと ASCII コードが 71（十進法）なので，71−33＝38 がその塩基の Sequence Quality 値ということになる（p.106 のコラム参照）。

コラム

ASCIIコード

　ASCIIコードとは，アルファベットや数字，記号などを収録した文字コードの1つで，最も基本的な文字コードとして世界的に普及している（表3.4）。7ビットの整数（0〜127）で表現され，ラテンアルファベット（ローマ字），数字，記号，空白文字，制御文字など128文字を収録している。なお，ASCIIとは，American Standard Code for Information Interchange の頭文字である。

表3.4　ASCIIコード

	! 33	" 34	# 35	$ 36	% 37	& 38	' 39	(40	) 41	* 42	+ 43	, 44	– 45	. 46	/ 47
0 48	1 49	2 50	3 51	4 52	5 53	6 54	7 55	8 56	9 57	: 58	; 59	< 60	= 61	> 62	? 63
@ 64	A 65	B 66	C 67	D 68	E 69	F 70	G 71	H 72	I 73	J 74	K 75	L 76	M 77	N 78	O 79
P 80	Q 81	R 82	S 83	T 84	U 85	V 86	W 87	X 88	Y 89	Z 90	[91	\ 92	] 93	^ 94	_ 96
` 96	a 97	b 98	c 99	d 100	e 101	f 102	g 103	h 104	i 105	j 106	k 107	l 108	m 109	n 110	o 111
p 112	q 113	r 114	s 115	t 116	u 117	v 118	w 119	x 120	y 121	z 122	{ 123		124	} 125	~ 126	

https://ja.wikipedia.org/wiki/ASCII より改変

SRA 形式

　SRA 形式は，Sequence Read Archive（SRA）で使われている圧縮形式で，ファイル自体はバイナリ形式となっている。SRA 形式は，FASTQ ファイルで表現した場合の約 10 分の 1 ほどのサイズに圧縮できるが，**SRA データのためだけの専用の形式**であり，gzip や bzip2 のような汎用の圧縮形式ではない。**NCBI が作成し配布している** SRA Toolkit の `fasterq-dump` コマンドで FASTQ ファイルを抽出できる。

　そして，`fasterq-dump` の実行は特にオプションなしでよい。

```
% fasterq-dump hoge.sra
```

　NCBI がその展開コマンドを配布しているところからわかるように，SRA 形式は NCBI が主導して普及を推進している。最近は DB のファイル容量を抑えるために，2020 年現在，NCBI からは FASTQ を直接ダウンロードすることはできず，この SRA 形式でのダウンロードをして `fasterq-dump` で手元でデータを展開することになっている。NCBI と同じデータのミラーサイトである EBI や DDBJ では，運がよければ bzip2 圧縮された FASTQ 形式のファイルが置かれていることもあるが，基本的には，SRA 形式だけになっているので，使えるようになっておいたほうがよいだろう。

📖 fasterq-dumpコマンドのインストールや使い方の詳細は，それぞれ『生命科学者のためのDr. Bonoデータ解析実践道場』のp.104とp.149を参照。

コラム

シングルリード・ペアエンドリード

　SRA に収められている配列データには，シングルリードとペアエンドリードの2種類がある。現在広く流布しているIllumina社のシークエンサー（HiSeqやNextSeqなど）では配列断片の両端を配列解読するペアエンドシークエンスが広く行われており，そこで得られるリードのことをペアエンドリードと呼ぶ。それに対してペアエンドシークエンスでない配列解読の結果得られたそれ以外のリードのことをシングルリードと呼ぶ。
　公共データベース中の配列を再利用する際には，その配列がいずれであるかを把握しておくことが重要で，たいていの場合データベース中に明記されている。

SAM/BAM 形式，CRAM 形式

? 何て呼んだらいいの
SAM
サムと呼ぶ
BAM
バムと呼ぶ

SAM/BAM 形式はリファレンスゲノムに対するアラインメントの形式で，SAM はテキスト形式，BAM はバイナリ形式である。SAM 形式のファイルの例を以下に示す。

```
SRR1957193.31493821     256     1       11713   1       100M    *       0       0
CTGGCCATGTGTATTTTTTTAAATTTCCACTGATGATTTTGCTGCATGGCCGGTGTTGAGAATGACTGTGCAAATTTGCCGGATTTCC
TTCGCTGTTCCT
@CCFFFFFHFHBFHIJJJJJGHGIIJJIIJJJJIJJIJJJJJJJJJJJJJJJJIIJAGHIIDHFFHHDFFDFFCEEDECCDDDDDBDDDDC
DDCDBDBDDDDD      AS:i:-10        XN:i:0  XM:i:2  XO:i:0  XG:i:0  NM:i:2  MD:Z:68C21T9
YT:Z:UU NH:i:3  CC:Z:15 CP:i:102519358  HI:i:0
SRR1957193.29028760     272     1       11746   0       100M    *       0       0
TGATTTTGCTGCATGGCCGGTGTTGAGAATGACTGCGCAAATTTGCCGGATTTCCTTTGCTGTTCCTGCATGTAGTTTAAACGAGATT
GCCAGCACCGGG
DCDDDDDDDDDDDDDDDDDBDDDDDDDCDDCDDDDDFFFFHGHHJJJIHEIIJJJIJIIJIIIJIJJJJIJJJJIIGIIGJJJJJJJJIH
HHGHFFDFFCCC      AS:i:0  XN:i:0  XM:i:0  XO:i:0  XG:i:0  NM:i:0  MD:Z:100        YT:Z:UU
NH:i:5  CC:Z:12 CP:i:93764      HI:i:0
SRR1957193.18369540     0       1       12497   3       100M    *       0       0
GTGCAGAGACGGGAGGGGCAGAGCCGCAGGCACAGCCAAGAGGGCTGAAGAAATGGTAGAACGGAGCAGCTGGTGATGTGTGGGCCCA
CCGGCCCCAGGC
CBCFFFFFFHHGHHHIJJIIJIIJIJJJJIJJGJJIGHDHHHGHFFFDEEECECDDD;ACACCDDDD@BDBDDD?CCCCDDCD?B<?@B
BDDDDDBBDD@DA    AS:i:0  XN:i:0  XM:i:0  XO:i:0  XG:i:0  NM:i:0  MD:Z:100        YT:Z:UU
NH:i:2  CC:Z:15 CP:i:102518574  HI:i:0
```

SRA に登録されている **SRR1957193**（Liver RNA，肝臓の RNA）のリードを GRCh37 にマッピングした SAM 形式のファイルの実例で，先頭には「@」で始まるタグのあとに，アラインメントに関する情報（アラインメントするのに使ったプログラムなど）が記載されていることがあるが，いわゆるコメント行なのでこの例では省略した。その後に始まる実際のアラインメント情報の先頭の 3 行だけを表示してある。行が長いので折り返されているが，左端に **SRR1957193** とあるところが行の始まりである。

このアラインメント情報の中身の意味を簡単に説明すると，基本タブ区切りのテキスト情報で全部で 11 カラム以上となっている（この例では 11 カラムちょうど）。Bowtie などのプログラムを利用してマッピングを行った際に，12 カラム目以降にミスマッチやユニークマップなどの情報が記載される。それぞれのカラムにある情報の意味は以下の表 3.5 に示したようになっている。

samtools コマンドを使って SAM と BAM 両者の変換が可能である。

```
% samtools␣view␣-bS␣file.sam␣>␣file.bam
```

ファイルサイズが大きく，実行には時間がかかるので，**samtools** コマンド
も並列化されており，使用可能な最大の CPU 数を **-@** で指定する。例えば，
CPU を 8 個使って並列化した変換を実行する場合は次のとおりである。

```
% samtools␣view␣-@␣8␣-bS␣file.sam␣>␣file.bam
```

第 5 章の「5.2 遺伝子発現解析」の項で紹介する bowtie, HISAT2, STAR な
どのゲノムマッピングプログラムは，出力が SAM 形式なので，このコマン
ドが必要なケースも今後増えてくるだろう。

　なお，BAM 形式のファイルであるが，sort されていないと後の処理がで
きないこともある。そこで，前もって sort しておく必要がある。sort も同じ
く **samtools** コマンドで実行可能である。

表3.5　SAM 形式の情報の意味

カラム番号	カラハの名前	意味
1	QNAME	リードの名前
2	FLAG	アラインメント結果を整数値で記載される。例えば「複数箇所にマップされている」，「相補鎖にマッピングされている」など
3	RNAME	リファレンスゲノムの名前。この例では染色体番号 (1) となっている
4	POS	リファレンスゲノム上における，リードがマップされた開始位置
5	MAPQ	マッピングクオリティスコア
6	CIGAR	マッピング状況
7	RNEXT	ペアエンドの場合，相手方のリード名
8	PNEXT	ペアエンドの場合，相手方のマップされた開始位置
9	TLEN	ペアエンドの場合，インサートの長さ
10	SEQ	マップした配列の塩基配列データ
11	QUAL	マップした配列の Sequence Quality データ

SAM 形式のスペック情報 (http://samtools.github.io/hts-specs/SAMv1.pdf) による中身の情報の意味

```
% samtools sort -o hoge_sorted.bam hoge.bam
```

これも上記と同様に使用可能な最大の CPU 数を -@ で指定して並列化すると
実時間では早く結果が得られる。

```
% samtools sort -@ 4 -o hoge_sorted.bam hoge.bam
```

さらに，**samtools** コマンドは sort する際に中間ファイルを作成するのであ
るが，それをソリッドステートドライブ（solid state drive：SSD）などのディ
スクアクセスが高速な領域に作成すると当然実行が早くなる。そこで以下の
ように指定して，ディスクアクセスが速いところ（この例では **/tmp/**）にそ
の中間ファイルを作成するように指定するとよいだろう。

```
% samtools sort -@ 4 -T /tmp/hoge -o hoge_sorted.bam hoge.bam
```

BAM ファイルはアラインメントの形式なので，リファレンスゲノムへの張り
付き具合を IGV などのゲノムブラウザで見ることが多く，その際には BAM
に対する index を作る必要がある。それも **samtools** コマンドで以下のよう
に作成できる。

```
% samtools index hoge.bam
```

実行すると **hoge.bam.bai** という名前の BAM の index が作成される。

　より圧縮効率のよい BAM として，EBI で CRAM 形式が開発されている。
CRAM もバイナリ形式である。自分で使わなくても，今後は再利用したいデー
タがこの CRAM 形式であるということもあろう。この場合も，**samtools** コ
マ ン ド で 双 方 向 の 変 換 が 可 能 で あ る（https://www.htslib.org/
workflow/ 参照）。**-C**（C は大文字の C）オプションで，BAM から CRAM
への変換が行える。ただ，SAM から BAM の変換とは異なり，リファレンス
ゲノム配列を **-T** オプションで指定する必要がある。

> **？ 何て呼んだらいいの**
> **CRAM**
> クラムと呼ぶ

```
% samtools view -@ 4 -T hogenome.fa -C -o hoge.cram hoge.bam
```

逆に CRAM から BAM への変換は，**-b** オプションで可能である。やはりこの際もリファレンスゲノム配列を指定する必要がある。

```
% samtools view -@ 4 -T hogenome.fa -b fuga.bam fuga.cram
```

コラム

samtoolsとバッチ処理

　上記のsamtoolsで処理できることはわかっても，この種のファイル変換は通常，複数回やらねばならない。また，1つのコマンドの実行時間が長く，ずっとマシンの前で処理を待って終わったのを見届けたら，次のファイルのコマンドを入力して，というも無駄である。そこで，上で紹介したコマンドをバッチ(batch)で処理するということが通常行われている。bzip2のところでも紹介したUNIXシェルスクリプトを使ってこの処理をバッチで実行する。

```
#!/bin/sh
p=4
tmp=/tmp
for f in *.sam;
  do g="${f%.*}"
  echo $g
  samtools view -@ $p -bS $g.sam | samtools
sort -@ $p -T $tmp/$g.$$ -o $g.bam -
  rm -f $tmp/$g.$$.*
done
```

　このシェルスクリプトを**sam2bam.sh**というファイル名で保存し，SAMファイルの置いてあるディレクトリに移動(**cd**)してから

```
% sh sam2bam.sh
```

　として実行する。この例の場合，そのディレクトリにある **.sam** で終わるSAMファイル全てに対して，BAMに変換し，そのまま中間ファイルを作らずにBAMをソートし，**.bam** で終わるBAMファイルとして保存する。

GTF（GFF）形式

　ここからは，ゲノム上の位置に関するアノテーション情報を記述する形式について解説する。SAM/BAM形式もゲノムに対するアラインメントなので，ある意味その範疇に入るのだが，それ以外の形式を紹介する。

　GTF（General Transfer Format）は，GFF（General Feature Format）のversion2と同一のものである。GTF形式のデータの例を以下に示す。

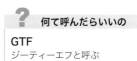

何て呼んだらいいの
GTF
ジーティーエフと呼ぶ

```
X       Ensembl Repeat 2419108 2419128 42        .        .       hid=trf; hstart=1; hend=21
X       Ensembl Repeat 2419108 2419410 2502      -        .       hid=AluSx; hstart=1; hend=303
X       Ensembl Repeat 2419108 2419128 0         .        .       hid=dust; hstart=2419108;
hend=2419128
X       Ensembl Pred.trans.   2416676 2418760 450.19 -        2
genscan=GENSCAN00000019335
X       Ensembl Variation     2413425 2413425 .        +        .
X       Ensembl Variation     2413805 2413805 .        +        .
```

　GTF形式のデータはタブ区切りで，**すべてのフィールドに値が入らないとだめで，空のフィールドは .（ドット）を入れておくことになっている。**各カラムにあるデータの意味は表3.6のとおりである。

表3.6　**GTF形式の情報の意味**

カラム番号	カラムの名前	意味
1	seqname	染色体名やscaffoldの名前。'chr'と先頭についていても，ついていなくてもよい（例：X, chr1）
2	source	このfeatureを作成したプログラム名やデータソース名
3	feature	featureのタイプ名（例：Gene, Variation, Similarity）
4	start	そのfeatureの開始位置。Ensemblでは配列の開始は1から
5	end	そのfeatureの終了位置。Ensemblでは配列の開始は1から
6	score	浮動小数点値
7	strand	＋（forward）か −（reverse）
8	frame	読み枠。0か1か2。0の場合，最初の塩基がコドンの最初の塩基となり，1の場合，2番目の塩基がコドンの最初の塩基となる
9	attribute	セミコロンで区切られたタグ値で，それぞれのfeatureに関する追加情報が含まれる

詳細は，GFF/GTF File Format（https://www.ensembl.org/info/website/upload/gff.html）を参照

GFF3 形式

? 何て呼んだらいいの

GFF3
ジーエフエフスリーと呼ぶ

GFF3 は General Feature Format の version3 で，GTF の改良版となっている。GFF3 は，タブ区切りの 9 カラムのテキストで GTF とよく似ているが，ファイルの最上部（1 行目）に以下のように書かれていなければならないので，それにより判別できる。

```
##gff-version 3
ctg123  .  exon  1300  1500  .  +  .  ID=exon00001
ctg123  .  exon  1050  1500  .  +  .  ID=exon00002
ctg123  .  exon  3000  3902  .  +  .  ID=exon00003
ctg123  .  exon  5000  5500  .  +  .  ID=exon00004
ctg123  .  exon  7000  9000  .  +  .  ID=exon00005
```

それぞれのカラムの意味は表 3.7 のとおりである。

表 3.7　GFF3 形式の情報の意味

カラム番号	カラムの名前	意味
1	seqid	染色体名や scaffold の名前。'chr' と先頭についていても、ついていなくてもよい（例: X, chr1）
2	source	この feature を作成したプログラム名やデータソース名
3	type	feature のタイプ名。Sequence Ontology Feature Annotation (SOFA) にあるタームかアクセッションでなければならない。
4	start	その feature の開始位置。配列の開始は 1 から
5	end	その feature の終了位置。配列の開始は 1 から
6	score	浮動小数点値
7	strand	＋ (forward) か － (reverse)
8	phase	読み枠。0 か 1 か 2。0 の場合, 最初の塩基がコドンの最初の塩基となり, 1 の場合, 2 番目の塩基がコドンの最初の塩基となる。
9	attributes	セミコロンで区切られたタグ値で、それぞれの feature に関する追加情報が含まれる。いくつかのタグ値は前もって決められている（例：ID, Name, Alias, Parent）

GTF（GFF version2）とよく似ているがいくつかのカラムでその値の制約が厳しくなっている。詳しくは GFF documentation（http://gmod.org/wiki/GFF3）を参照。

BED 形式など

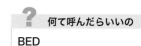

何て呼んだらいいの
BED
ベッドと呼ぶ

主に UCSC Genome Browser で使われ，現在は Ensembl でも使われる，ゲノムブラウザー上にデータを表示するための形式を以下に説明する。

BED形式

BED 形式は主に UCSC Genome Browser で使われてきたフォーマットで，**カスタムトラックとして自分が作成したゲノムアノテーションを UCSC Genome Browser 上に表示したいときによく用いられている**（https://www.ensembl.org/info/website/upload/bed.html）。最低限の BED 形式ファイルの例は以下のとおりである。

```
chr1   213941196   213942363
chr1   213942363   213943530
chr1   213943530   213944697
chr2   158364697   158365864
chr2   158365864   158367031
chr3   127477031   127478198
chr3   127478198   127479365
chr3   127479365   127480532
chr3   127480532   127481699
```

最初の 3 つのカラムは必須で，以下に示す情報を含む。

カラム番号	カラムの名前	意味
1	chrom	染色体名やscaffoldの名前。すべての正しい seq_region_name が使える。'chr'と先頭についていても，ついていなくてもよい
2	chromStart	標準的な染色体上の座標（最初の塩基は0）上のそのfeatureの開始位置
3	chromEnd	標準的な染色体上の座標上のそのfeatureの終了位置

また，次ページに示す 9 つの追加フィールドはオプションである。これらのカラムは空にはできないことに注意。右側のカラムに情報を入れたい場合には左側のカラムを埋めなければならない。

4	name	このfeatureの下に表示されるラベル
5	source	0〜1000までのスコア
6	strand	＋(forward) か −(reverse)
7	thickStart	四角で表示されるfeatureの開始座標
8	thickEnd	四角で表示されるfeatureの終了座標
9	itemRgb	RGBでの色の値(例：0,0,255)
10	blockCount	featureの内部にあるサブ要素の数
11	blockSizes	サブ要素のサイズ
12	blockStars	サブ要素それぞれの開始座標

以下は BED 形式ファイルの例。この例では 4〜9 カラム目までの情報が埋められている。

```
chr7  127471196  127472363  Pos1  0  +  127471196  127472363  255,0,0
chr7  127472363  127473530  Pos2  0  +  127472363  127473530  255,0,0
chr7  127473530  127474697  Pos3  0  +  127473530  127474697  255,0,0
chr7  127474697  127475864  Pos4  0  +  127474697  127475864  255,0,0
chr7  127475864  127477031  Neg1  0     127475864  127477031  0,0,255
chr7  127477031  127478198  Neg2  0  -  127477031  127478198  0,0,255
chr7  127478198  127479365  Neg3  0  -  127478198  127479365  0,0,255
chr7  127479365  127480532  Pos5  0  +  127479365  127480532  255,0,0
chr7  127480532  127481699  Neg4  0  -  127480532  127481699  0,0,255
```

WIG形式

何て呼んだらいいの

WIG
ウィグと呼ぶ
wiggle
ウィグルと呼ぶ

　WIG 形式は wiggle 形式とも呼ばれ，確率値のような密度の高い連続値のデータをグラフとして表示するために作成された形式である（https://www.ensembl.org/info/website/upload/wig.html）。その点で上述の GFF や BED 形式と異なり，ChIP-seq データをリファンレスゲノム上に表示する際などに用いられることが多い。

　wiggle はだいたい同じぐらいの値のデータでなければだめで，抜けの多い連続値やサイズが異なる値を表示する必要がある場合は，以下に説明する BedGraph 形式を代わりに使う。

　wiggle には fixedStep と variableStep の2つのフォーマットオプションがある。

　variableStep 形式は，データポイント間に変則的な間隔のあるデータに対してデザインされており，普通に用いられているフォーマットである。最初に宣言の行があり，続いて染色体上の位置とデータ値の2つのカラムが続く。宣言行は‘variableStep’という言葉で始まり，スペース区切りで以下の情報が続く。

- chrom（必須）：染色体の名前
- span（オプション，デフォルトは1）：データ値がカバーする塩基数

　この span によってデータを圧縮することが以下のように可能である。

span なし

```
variableStep chrom=chr2
300701  12.5
300702  12.5
300703  12.5
300704  12.5
300705  12.5
```

span あり

```
variableStep chrom=chr2 span=5
300701  12.5
```

　両方の例ともに2番染色体の300701-300705の位置に12.5という値を表示する。
　fixedStep 形式はデータポイント間に規則的な間隔のあるデータに関してデザインされていて，wiggle 形式や variable Step 形式よりもコンパクトである。最初に宣言の行があり，続いてデータ値のみのカラムが続く。宣言行は‘fixedStep’という言葉で始まり，スペース区切りで以下の情報が続く。

- chrom（必須）：染色体の名前
- start（必須）：データ値の開始位置

- step（必須）: 染色体の間の距離
- span（オプション, デフォルトは 1）: データ値がカバーする塩基数

span なし

```
fixedStep chrom=chr3 start=400601 step=100
11
22
33
```

この例では, 3 番染色体の 400601,400701,400801 の位置にそれぞれ一塩基の feature として 11,22,33 という値が表示される。

span あり

```
fixedStep chrom=chr3 start=400601 step=100 span=5
11
22
33
```

この例では, 3 番染色体の 400601-400605, 400701-400705, 400801-400805 の位置にそれぞれ 5 塩基の fcature として 11,22,33 という値が表示される。

PSL形式

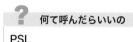

PSL
ピーエスエルと呼ぶ

　PSL 形式は, ゲノムに対するアラインメント情報の形式で, 主にゲノムランディング（genome landing）ツールの **BLAT によって出力される形式で**ある（https://www.ensembl.org/info/website/upload/psl.html）。以下に PSL 形式の例を示す。

```
browser position chr19:7117069-7293902
track name="INSR PSL" description="BLAT results for INSR_HUMAN" useScore=1 color=darkgreen
1366  2 0 0 4 14  20  172729  +-  INSR_HUMAN  1382  0 1382  chr19 59128983  7117069 7293902 21  33,184,107,49,48,72,4
415 120 0 0 5 727 9 247989  ++  INSR_HUMAN  1382  70  1332  chr15 102531392 99250897  99500491  10  106,47,73,77,37,5
325 80  0 0 5 817 9 11667 +-  INSR_HUMAN  1382  33  1255  chr1  249250621 156811214 156824096 10  95,20,9,13,22,77,37
38  10  0 0 0 0 0 0 +-  INSR_HUMAN  1382  1172  1220  chr6  171115067 117631242 117631386 1 48, 1172, 53483681,
55  27  0 0 2 18  2 54  ++  INSR_HUMAN  1382  1142  1242  chr1  249250621 64643518  64643818  3 22,34,26, 1142,1172,1
54  34  0 0 1 8 1 24  ++  INSR_HUMAN  1382  1143  1239  chr9  141213431 113562785 113563073 2 47,41,  1143,1198,  113
33  15  0 0 0 0 0 0 ++  INSR_HUMAN  1382  1143  1191  chr1  249250621 156849010 156849154 1 48, 1143, 156849010,
33  16  0 0 0 0 0 0 +-  INSR_HUMAN  1382  1142  1191  chr15 102531392 88472421  88472568  1 49, 1142, 14058824,
33  16  0 0 0 0 0 0 ++  INSR_HUMAN  1382  1142  1191  chr9  141213431 87570285  87570432  1 49, 1142, 87570285,
19  4 0 0 0 0 0 0 ++  INSR_HUMAN  1382  1143  1166  chr7  159138663 116422083 116422152 1 23, 1143, 116422083,
41  26  0 0 0 0 0 0 ++  INSR_HUMAN  1382  1139  1206  chr6  171115067 30865871  30866072  1 67, 1139, 30865871,
16  4 0 0 0 0 0 0 +-  INSR_HUMAN  1382  1146  1166  chr3  198022430 49928628  49928688  1 20, 1146, 148093742,
23  13  0 0 0 0 0 0 +-  INSR_HUMAN  1382  1143  1179  chr3  198022430 195608992 195609100 1 36, 1143, 2413330,
22  12  0 0 0 0 0 0 +-  INSR_HUMAN  1382  1145  1179  chr19 59128983 10463672  10463774  1 34, 1145, 48665209,
```

この PSL 形式は，BLAT によるゲノムランディング結果をゲノムブラウザー
で表示するときに用いられる。各行のフィールドはスペースで区切られてお
り，表 3.8 に示した 21 個の要素（カラム）はすべて必須である。

BigBED 形式

　BigBED 形式は，bedToBigBed というプログラムを用いて普通の BED 形
式のファイルから作成されるインデックス付きの形式である。通常の BED 形
式のファイルよりもデータ処理がずっと早くなり，より大きなデータセット
を扱うことが可能となる。

BigWig 形式

　BigWig 形式は，WIG 形式と同様，確率値のような密度の高い連続値のデー
タをグラフとして表示するために作成された形式である。WIG 形式から
wigToBigWig というプログラムを用いて作成できる。

表3.8　PSL形式の情報の意味

No	カラムの名前	意味
1	matches	リピートでないマッチする塩基の数
2	misMatches	マッチしない塩基の数
3	repMatches	リピートの一部を構成するマッチする塩基の数
4	nCount	'N'となっている塩基の数
5	qNumInsert	クエリにおける挿入の数
6	qBaseInsert	クエリに挿入された塩基の数
7	tNumInsert	ターゲットに挿入された数
8	tBaseInsert	ターゲットに挿入された塩基の数
9	strand	クエリのstrandの＋ (forward) か－ (reverse) と定義される。マウスにおいては、2番目の'＋'か'－'はゲノムのstrandを意味する
10	qName	クエリの配列の名前
11	qSize	クエリの配列のサイズ
12	qStart	クエリのアラインメントの開始位置
13	qEnd	クエリのアラインメントの終了位置
14	tName	ターゲットの配列の名前
15	tSize	ターゲットの配列のサイズ
16	tStart	ターゲットのアラインメントの開始位置
17	tEnd	ターゲットのアラインメントの終了位置
18	blockCount	アラインメント中のブロックの数
19	blockSizes	それぞれのブロックのサイズのコンマ区切りリスト
20	qStarts	それぞれのブロックのクエリでの開始位置のコンマ区切りリスト
21	tStarts	それぞれのブロックのターゲットでの開始位置のコンマ区切りリスト

PSL形式はゲノムに対するアラインメント情報の形式である。詳しくはEnsemblにあるPSL File Format の説明 (https://www.ensembl.org/info/website/upload/psl.html) を参照。

VCF 形式

　電子名刺の標準フォーマットにも VCF と呼ばれるものがあるが，生命科学でいうところの VCF は，**Variant Call Format** というバリアントを記述するフォーマットである。基本的には VCF 形式はタブ区切りテキストで，バリアントと個人の遺伝子型を保存するためのフォーマットである。一塩基バリアントから大規模な挿入や欠失のすべてのバリアントを記述できる。以下に VCF 形式の例を示す。

？ 何て呼んだらいいの

VCF
ブイシーエフと呼ぶ

```
##fileformat=VCFv4.0
##fileDate=20090805
##source=myImputationProgramV3.1
##reference=1000GenomesPilot-NCBI36
##phasing=partial
##INFO=<ID=NS,Number=1,Type=Integer,Description="Number of Samples With Data">
##INFO=<ID=DP,Number=1,Type=Integer,Description="Total Depth">
##INFO=<ID=AF,Number=.,Type=Float,Description="Allele Frequency">
##INFO=<ID=AA,Number=1,Type=String,Description="Ancestral Allele">
##INFO=<ID=DB,Number=0,Type=Flag,Description="dbSNP membership, build 129">
##INFO=<ID=H2,Number=0,Type=Flag,Description="HapMap2 membership">
##FILTER=<ID=q10,Description="Quality below 10">
##FILTER=<ID=s50,Description="Less than 50% of samples have data">
##FORMAT=<ID=GT,Number=1,Type=String,Description="Genotype">
##FORMAT=<ID=GQ,Number=1,Type=Integer,Description="Genotype Quality">
##FORMAT=<ID=DP,Number=1,Type=Integer,Description="Read Depth">
##FORMAT=<ID=HQ,Number=2,Type=Integer,Description="Haplotype Quality">
#CHROM POS      ID        REF ALT     QUAL FILTER INFO
FORMAT        NA00001        NA00002        NA00003
20      14370   rs6054257 G      A       29    PASS    NS=3;DP=14;AF=0.5;DB;H2
GT:GQ:DP:HQ 0|0:48:1:51,51 1|0:48:8:51,51 1/1:43:5:.,.
20      17330   .         T      A       3     q10     NS=3;DP=11;AF=0.017
GT:GQ:DP:HQ 0|0:49:3:58,50 0|1:3:5:65,3   0/0:41:3
20      1110696 rs6040355 A      G,T     67    PASS    NS=2;DP=10;AF=0.333,0.667;AA=
T;DB GT:GQ:DP:HQ 1|2:21:6:23,27 2|1:2:0:18,2   2/2:35:4
20      1230237 .         T      .       47    PASS    NS=3;DP=13;AA=T
GT:GQ:DP:HQ 0|0:54:7:56,60 0|0:48:4:51,51 0/0:61:2
20      1234567 microsat1 GTCT   G,GTACT 50    PASS    NS=3;DP=9;AA=G
GT:GQ:DP     0/1:35:4       0/2:17:2       1/1:40:3
```

　VCF specification のウェブサイト（https://samtools.github.io/hts-specs/）に詳細が記載されている。変異を記述するフォーマットであることから，ファイルサイズが非常に大きくなりうるため，テキスト版の SAM 形式に対してバイナリ版の BAM 形式があったように，VCF 形式にも

Dr. Bono から

何もこんなコンピュータの
プロみたいなコマンドライ
ンの処理を生命科学研究者
がやらなくても…, そういっ
たデータ解析はプロの人に
任せて自分は研究だけに専
念したい, と思うかもしれ
ない。しかしながら, 実は
データがあふれる時代と
なってしまった2020年代
は, そういったデータ解析
こそが研究なのである。あ
なたがデータ解析のプロと
思っている研究者たちも, 自
ら出したデータに埋もれつ
つ, 新規の発見を見いだす
のに必死で, 人助けなんて
している余裕はないだろう。
自分が扱っているデータの
ことを一番よく知っている
のは, あなた自身なのだ。だ
から, 他人任せでなく, その
本人がデータ解析するのが
一番よいのである。

バイナリ版の BCF 形式がある。その変換は以下のように **bcftools** で可能
である。**bcftools** も Homebrew や Bioconda で導入可能である。

```
% bcftools convert -Ob hoge.vcf > hoge.bcf
```

4 基本データ解析

　次世代シークエンサー（NGS）は，1回動かすだけでも，膨大量の塩基配列データを生み出す。その塩基の文字列を人間が目で見たとしても，それが意味するところをくみとるのはまず無理だ。ビッグデータは，眺めることもできないほど大きいのだ。そこで必要になってくるのが，データ解析なのである。

　この章では，生命科学分野での基本となるデータ解析手法について解説する。生命科学ではさまざまな種類のデータが解析対象となるが，本書ではデータ量の多い配列データと数値データの解析手法を解説する。「4.1 配列データ解析」では，現在用いられているアプリケーションを例として説明する。まず，配列アラインメントについて，それらのアプリケーションが開発された時系列に沿って詳細に説明したのち，次世代シークエンサーから得られる塩基配列データのリファレンスゲノムへのマッピングに用いられる技術に関して述べる。最後に配列をつなぎ合わせてより長い配列を得るアッセンブルにふれる。「4.2 数値データ解析」では，遺伝子発現量などの多次元の数値データの解釈に用いられる階層クラスタリングと主成分分析に焦点を絞って説明する。

4.1　配列データ解析

配列アラインメントとツール

ペアワイズアラインメント

　配列解析の基本は，2本の配列を並べる（アラインメントする）ことである。同じ文字が縦に揃うように並べて対比させることにより，2本の配列間の類

似性や違いが判断できるようになる。2本の配列のペアごとのアラインメントという意味で，**ペアワイズアラインメント**（Pairwise Alignment/Pairwise Sequence Alignment）と呼ばれる。各生物個体のゲノムには，塩基の置換や挿入 / 欠失が頻繁に見られる。例えばヒトの個人間でゲノム配列を比べると，平均して数百塩基対に1個の割合で，塩基の違い（バリアントあるいはバリエーション）が見られる。したがって，たった2本の配列の対比であっても，非常に複雑な作業となる。しかも膨大量の長さの配列を比較するわけであり，データ解析することが必要になる。

　ペアワイズアラインメントは，生命科学における配列データ解析の基本中の基本となっている。個人（個体）のゲノムを比較したり，異なる生物種間でのゲノムを比較したり，進化の系統樹を描いたりといったこともすべて，ペアワイズアラインメントが基本になる。

　本項では，生命科学データ解析に必要と考えられるレベルでの方法の解説を行うが，より詳しい方法やアルゴリズムの説明は専門書を参考にしてほしい（例えば，『バイオインフォマティクスのためのアルゴリズム入門』Neil C. Jones・Pavel A. Pevzner 著，渋谷哲朗・坂内英夫訳，共立出版，2007 など）。

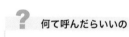

何て呼んだらいいの

EMBOSS
エンボスと呼ぶ

 統合 TV

「MacOSXをUNIXとして使い倒す・その壱」
https://doi.org/10.7875/
togotv.2010.002

◁ Biocondaは，p.76の コラム「Bioconda」参照

　本項で紹介する多くの配列アラインメントの方法に関しては，有志たちの努力により，**EMBOSS パッケージ**（http://emboss.sourceforge.net/）のプログラムとして利用可能である。EMBOSS とは European Molecular Biology Open Software Suite の略で，自由に利用可能なバイオインフォマティクスのアプリケーションとライブラリー群である。分子生物学用のオープンソースツールを 150 以上もパッケージ化している（▶参照）。Bioconda を使って，簡単に導入可能である。詳しくは，『生命科学者のための Dr. Bono データ解析実践道場』の p.42 参照。

　また現在では，使われる機会の多いプログラムに関しては，EBI のウェブサイト（https://www.ebi.ac.uk/Tools/emboss/）で，ウェブブラウザ上からの利用が可能となっている。

ドットプロット

　ドットプロット（ハープロットとも呼ばれることもある）は，**2本の配列間にある類似性の可視化**手段である。古くから使われており，現在も使用されている。2本の配列をX軸方向とY軸方向に並べ，同じアミノ酸（もしくは塩基）があったらそこに点を打つという単純なやり方にもとづく可視化方法である。点を打った結果，2本の配列の**似た部分には斜め線**（diagonal）が現れる。

　図4.1は，*Xenopus laevis*（アフリカツメガエル）のRhodopsin遺伝子のmRNA（**L07770.1**，縦方向）とその遺伝子がコードされたゲノム領域（**U23808.2**，横方向）のドットプロットである。EMBOSSのアプリケーション**dottup**を用いて作成した。上の図（図4.1a）では，エクソンが5つあることが，はっきりと表れている。塩基配列の比較では特にそうなのだが，塩基の種類が4つしかないこともあり，普通に点を打つとノイズが多く出る。そのためにwindowという概念が導入されている。windowの設定により，

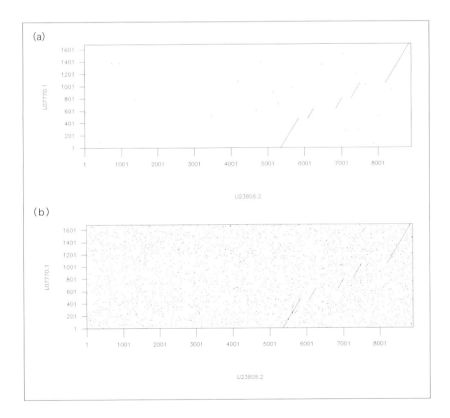

図4.1　**dottup**によるドットプロットで塩基配列を比較した例　*Xenopus laevis*（アフリカツメガエル）のRhodopsin遺伝子のmRNA（**L07770.1**，縦方向）と，その遺伝子がコードされたゲノム領域（**U23808.2**，横方向）のドットプロット。**dottup**で作成。(a)はwindow＝10，(b)はwindow＝6による結果。

いくつかの文字をまとめて比較するようにし，それらが完全に一致したら点を打つという工夫がなされている。window の値を大きく設定するとノイズが減るが，類似性の弱い部分を見逃す可能性がある。また逆に，window の値を小さく設定するとノイズがたくさん出るようになる。図 4.1 の例では，上図が window＝10，下図が window＝6 と設定したときの結果である。

　図 4.1 の例のように明らかに異なる配列を比較する場合もあるが，1 つの配列を**それ自身の配列と比較**するという方法もある。自分自身の配列と比較することで，配列内部に存在する**繰り返し配列を可視化**することができる。例えば，ヒトのコラーゲンタンパク質（COL1A1）のドットプロットをこのようにして描画すると，内部に存在する繰り返し配列の存在が一目で明らかになる（図 4.2）。

　ドットプロットは優れた方法だが，この方法だけで配列の比較を行うには不十分である。塩基配列の場合は同じ塩基の場所に点を打てば図 4.1 のように類似性がわかったとしても，DB の中のすべての配列に対してこのような操作をして，1 枚ずつドットプロットを見比べるのは大変なことである。またタンパク質配列の場合には，同じアミノ酸配列の一致のみで遠縁の配列を同定するのは困難である。進化の過程で，タンパク質を構成するアミノ酸残基は，似た性質を持つ別の種類のアミノ酸に置換されている場合が多数見受けられるからである（例えば，ロイシンがイソロイシンになど）。そこで，ドットプロッ

図4.2　配列内部に繰り返し配列があるアミノ酸配列のドットプロット　ヒトのコラーゲンタンパク質（COL1A1）の配列（**NP_000079.2**）のドットプロットで，配列をそれ自身の配列と比較した。EMBOSS の dottup により描画（window＝6）。自分自身の配列との比較なので，シャープな斜め線が現れる。多くの短い斜め線が，配列の端の方以外に見られる。コラーゲンタンパク質にはグリシン残基が3残基ごとに繰り返す一次構造があるが（コラーゲン様配列と呼ばれる），短い斜め線は，その構造が可視化されたもの。

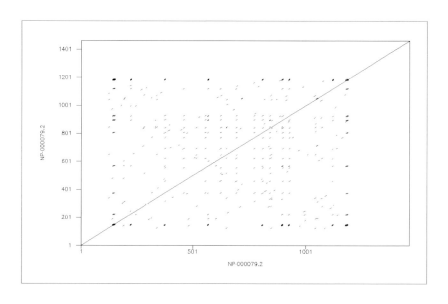

コラム

TogoWSで配列取得と形式変換

　本書では，いろいろな塩基配列やアミノ酸配列を例にあげている。それらのデータを入手するには，NCBIやEBIのウェブサイトからウェブブラウザ上で取得することもできるが，Web API経由によりコマンドラインで取得することもできる。Web APIとは，HTTPプロトコルを用いてネットワーク越しにデータを呼び出すための，アプリケーション間やシステム間のインターフェースのことである。生命科学研究に関するそれらを統合したものとしてTogoWS（`http://togows.dbcls.jp/`）がある。

　本来プログラム内部からの利用を想定して作成されたものだが，普通にウェブブラウザ上でも利用でき，配列形式の変換（例えば，あるアクセッション番号のエントリにある配列をFASTA形式で取得するなど）もこのTogoWSから可能である（▶参照）。

? 何て呼んだらいいの

Web API
ウェブエーピーアイと呼ぶ

TogoWS
トーゴーダブリューエスと呼ぶ

▶ 統合TV

「TogoWS RESTサービスを使い倒す2011」
`https://doi.org/10.7875/togotv.2011.058`

トに工夫を施した方法が考案されるようになった。例えば，各ペアごとのスコアを定義し（p. 8のコラム「アミノ酸置換行列PAM」参照），そのスコアが最もよくなるところを探し出す方法が考案され，その結果，そのスコアの高い順番に結果を見ていけば，見たい結果により早くたどり着けるようになるといった具合である。

大域的アライメント（global alignment）

　大域的アライメント（global alignment）とは，配列中の全塩基（またはアミノ酸）を並べるようにする方法で，現在ではNeedleman-Wunsch法と呼ばれている方法が広く使われている[1]。この手法は，コンピュータ科学的には動的計画法（Dynamic Programming）と呼ばれる手法を用いて計算されるものである。動的計画法とは，「対象となる問題を複数の部分問題に分割し，部分問題の計算結果を記録しながら解いていく手法」のことである。

　Needleman-Wunsch法の実装としては，EMBOSSでは`needle`というプログラムで利用可能である。実行結果の例を以下に示そう。ヒト（Human）のSOD1タンパク質のアミノ酸配列（`HsSOD1.pep.fa`というファイル）と，線虫（*C. elegans*）のSOD1タンパク質のアミノ酸配列（`CeSOD1.pep.fa`というファイル）をアライメントするコマンドを実行する。すると，gap open penaltyとgap extend penaltyの値を尋ねてくる。以下の例では，そ

? 何て呼んだらいいの

Needleman-Wunch
ニードルマン・ヴンシュと呼ぶ

[1] Needleman SB & Wunsch CD, *J. Mol. Biol.* 48, 443 (1970)

れぞれデフォルトの 10.0 と 0.5 としてアラインメントを行った。これらはそ
れぞれ，配列をアラインメントするときに，ギャップを入れるペナルティー
値（gap open penalty）と，その入れたギャップを伸ばす際に加算されるペ
ナルティー値（gap extend penalty）のことである。この実行結果のファイ
ルは，**np_000445.needle** という名称で出力される。

```
% needle␣HsSOD1.pep.fa␣CeSOD1.pep.fa
Needleman-Wunsch global alignment of two sequences
Gap opening penalty [10.0]:
Gap extension penalty [0.5]:
Output alignment [np_000445.needle]:
% less␣np_000445.needle
########################################
# Program: needle
# Rundate: Thu 27 Apr 2017 18:19:45
# Commandline: needle
#    [-asequence] HsSOD1.pep.fa
#    [-bsequence] CeSOD1.pep.fa
# Align_format: srspair
# Report_file: np_000445.needle
########################################
#=======================================
#
# Aligned_sequences: 2
# 1: NP_000445.1
# 2: NP_001021956.1
# Matrix: EBLOSUM62
# Gap_penalty: 10.0
# Extend_penalty: 0.5
#
# Length: 181
# Identity:      89/181 (49.2%)
# Similarity:   113/181 (62.4%)
# Gaps:          28/181 (15.5%)
# Score: 460.5
#
#
#=======================================

NP_000445.1       1 --------------------MATKAVCVLKGDGPVQGIINFEQKESNG      28
                                        |:.:||.||:|: .|.|.|...||..|.
NP_001021956.     1 MFMNLLTQVSNAIFPQVEAAQKMSNRAVAVLRGE-TVTGTIWITQKSEND      49

NP_000445.1      29 PVKVWGSIKGLTEGLHGFHVHEFGDNTAGCTSAGPHFNPLSRKHGGPKDE      78
                       ...:.|.|||||.|||||||::||:|.||.|||||||||..:.|||||.|
NP_001021956.    50 QAVIEGEIKGLTPGLHGFHVHQYGDSTNGCISAGPHFNPFGKTHGGPKSE      99
```

```
NP_000445.1          79 ERHVGDLGNVTADKDGVADVSIEDSVISLSGDHCIIGRTLVVHEKADDLG        128
                        .|||||||||.|..||||.:.:.:|::::|.|.:.::||::|||...||||
NP_001021956.       100 IRHVGDLGNVEAGADGVAKIKLTDTLVTLYGPNTVVGRSMVVHAGQDDLG        149

NP_000445.1         129 KG-GN--EESTKTGNAGSRLACGVIGIAQ--        154
                        :| |:  |||.|||||:|.||||.:|.
NP_001021956.       150 EGVGDKAEESKKTGNAGARAACGVIALAAPQ        180
```

局所的アライメント (local alignment)

Smith-Waterman 法

　上述の大域的アライメントの方法を改良して，部分的な類似性が見つけられるようにした手法は，**局所的アライメント**（local alignment）と呼ばれる。部分的な類似性を見つける方法であることから手持ちの配列を質問配列（クエリ：query）にして，DB にあるすべての配列をつなげた仮想的な配列に対して検索する，というやり方で，DB 検索に広く応用されてきた。Smith-Waterman 法と呼ばれる方法が，この局所的アライメントの方法としては最もよく用いられている[2]。EMBOSS では **water** というプログラムでこの Smith-Waterman 法によるアライメントが実行可能である。**needle** のときと同じように，Human の SOD1 タンパク質配列（**HsSOD1.pep.fa** というファイル）と，*C. elegans* の SOD1 タンパク質配列（**CeSOD1.pep. fa** というファイル）とをアライメントしてみた実行結果を示す。ギャップペナルティー値に関しては，**needle** の実行例のときとまったく同じにした。実行結果のファイルは，**np_000445.water** という名称で出力される。

2) Smith TF & Waterman MS, *J. Mol. Biol.* 147, 195-197 (1981)

```
%  water␣HsSOD1.pep.fa␣CeSOD1.pep.fa
Smith-Waterman local alignment of sequences
Gap opening penalty [10.0]:
Gap extension penalty [0.5]:
Output alignment [np_000445.water]:
%  less␣np_000445.water
##################################
# Program: water
# Rundate: Thu 27 Apr 2017 18:20:05
# Commandline: water
#    [-asequence] HsSOD1.pep.fa
#    [-bsequence] CeSOD1.pep.fa
# Align_format: srspair
# Report_file: np_000445.water
##################################
```

```
#=======================================
#
# Aligned_sequences: 2
# 1: NP_000445.1
# 2: NP_001021956.1
# Matrix: EBLOSUM62
# Gap_penalty: 10.0
# Extend_penalty: 0.5
# Length: 156
# Identity:      89/156 (57.1%)
# Similarity:   113/156 (72.4%)
# Gaps:          4/156 ( 2.6%)
# Score: 461.5
#
#
#=======================================


NP_000445.1        1 MATKAVCVLKGDGPVQGIINFEQKESNGPVKVWGSIKGLTEGLHGFHVHE       50
                     |:.:||.||:|: .|.|.|...||..|....:.|.|||||.|||||||:
NP_001021956.      23 MSNRAVAVLRGE-TVTGTIWITQKSENDQAVIEGEIKGLTPGLHGFHVHQ       71

NP_000445.1       51 FGDNTAGCTSAGPHFNPLSRKHGGPKDEERHVGDLGNVTADKDGVADVSI      100
                     :||:|.||.|||||||||..:.|||||.|.||||||||||.|...||||.:.:
NP_001021956.      72 YGDSTNGCISAGPHFNPFGKTHGGPKSEIRHVGDLGNVEAGADGVAKIKL      121

NP_000445.1      101 EDSVISLSGDHCIIGRTLVVHEKADDLGKG-GN--EESTKTGNAGSRLAC      147
                     .|:::::|.|.:.::||::|||...||||:| |:   |||.||||||:|.||
NP_001021956.     122 TDTLVTLYGPNTVVGRSMVVHAGQDDLGEGVGDKAEESKKTGNAGARAAC      171

NP_000445.1      148 GVIGIA       153
                     |||.:|
NP_001021956.     172 GVIALA       177
```

　両者の実行結果を比べてみると，大域的アラインメントと局所的アラインメントの違いがよく分かる。一致度（Identify）や類似度（Similarity）において，分子の数字は両者で同じだが，分母の数字は後者のほうが小さいため，計算された結果（％表示）では，大域的アラインメントのほうが小さくなっている。大域的アラインメントは，できる限り全体の配列が揃うようにアラインメントしているのに対し，局所的アラインメントは，文字通り局所的によく似ている部分だけをアラインメントしているのである。これは，局所的アラインメントでは，両端を揃えようとしてはおらず，例えば，配列の長さに大きな違いがあっても，似ていない部分は無視して，似ている部分だけをアラインメントしているということである。したがって，データベース全体

などといった対象と比較することが可能となり，この手法の応用が DB 配列
検索へとつながっていった。

　FASTA パッケージに含まれている ssearch というプログラムが，局所的
アラインメントの実装，というよりも Smith-Waterman 法による DB 配列
検索のプログラムとしてよく使われている。ssearch は，複数の CPU を使っ
て検索を実行する並列版が古くから利用可能だった（1990 年代後半ごろか
ら）。当時の CPU が複数あるコンピュータが広く使われるようになっていた
が，そうしたコンピュータでの並列処理による DB 配列検索が ssearch によ
り可能となったのである。

? 何て呼んだらいいの
ssearch
エスサーチと呼ぶ

```
% brew install -v fasta
```

で ssearch を導入できる。この方法で，2020 年 11 月現在，version: 36.3.8
がインストールされ，その場合，`ssearch36` というコマンド（36 はバージョ
ン番号）で実行できる。クエリが `query.fa`，検索対象 DB が `database.
fa` というファイルだとすると，以下のコマンドで実行できる。

```
% ssearch36 -T 4 query.fa database.fa
```

ここで大事なポイントは，`-T` オプションである。`-T` オプションは ssearch
が利用可能なスレッド数を指定するものである。この例の場合，4 スレッド
まで利用可能と指定している。この数字を上げて利用可能な CPU 数を増や
せば，結果を得るまでの実時間は短くなり，体感のスピードは速くなる。

FASTA 法

　2020 年代の現在においては，局所的アラインメントというと，ほぼ
BLAST のみが使われているが，当初は FASTA がよく用いられていた[3]。そ
の理由として，BLAST は発表された当時，非常に高速だがギャップを許さな
い配列検索だったことが挙げられる（BLAST は 1997 年に BLAST2 として
Gapped BLAST が発表され，ギャップを許容するようになった）。

　FASTA 法の動作原理を以下に簡単に説明する。FASTA 法では，まず初め
に高い類似性でマッチしている領域をギャップを考慮せずに高速に初期検索

3) Pearson WR & Lipman DJ, *Proc. Natl. Acad. Sci. USA* 85, 2444 (1998)

> **？ それって何だっけ**
>
> **k-tuple**
> 検索の高速化のため，2 文字以上を一かたまりとして検索のためのキーとする方法があり，その際の文字数のパラメータのこと。

し，次に，マッチのあった領域に限って，ギャップを考慮した類似性を計算する。初期検索では，アミノ酸 1 つ 1 つではなく，k-tuple 値として指定される文字を一かたまりとしてサーチする。k-tuple 値が大きいほど実行速度は速くなるものの，検索は粗くなり，類似配列を見落とす可能性が高くなる。初期検索で見つかった領域を複数つなぎ合わせて得られる領域のうち，最もスコアの高い領域の周辺で，Smith-Waterman 法によるアラインメントを実行する。すなわち，すべての空間を探索するのではなく，「枝刈り」することで，よく似た領域だけを計算するという手法が取られている。各配列の長さや DB 全体のサイズを考慮した統計値である **z-score**（z スコア）と**期待値**が計算され，これらの値は，特に最終的な配列類似性の評価に用いられる。z-score は，スコアを配列の長さに依存しないように考慮して正規化したもので，平均が 50 で分散が 10 となるように正規化されている。期待値は，以下の BLAST の項で説明する期待値と同じである。すなわち，配列類似性検索した際に，query が偶然 DB 中の配列とヒットする期待値で，**0 に近いほど偶然でないヒット**ということになる。

　著者が FANTOM プロジェクトで cDNA 配列解析をしていたときには，フレームシフトを考慮して，その場で（on-the-fly）query の塩基配列をアミノ酸に翻訳して配列比較を行うプログラムの fastx と fasty が有用だった。特に，fasty はコドン内部でのフレームシフトも考慮して配列を比較するため，解読した cDNA 配列をリファレンスのタンパク質配列と比較する際に多用された（第 5 章「遺伝子機能解析」参照）。fastx も fasty も，上述の ssearch と同様に FASTA パッケージに含まれており，**fasty36** というコマンド（36 はバージョン番号）で実行できる。クエリが **query.fa**，検索対象 DB が **database.fa** というファイルだとすると，以下のコマンドで実行できる。

```
% fasty36 -T 4 query.fa database.fa
```

fasty と同様にフレームシフトを許して，アミノ酸配列をゲノムや EST の塩基配列にペアワイズにアラインメントするツールとして，GeneWise がある [4]。かつては Wise2 と呼ばれたツール群で，Ewan Birney（現 EBI の Director）が作成したツールである。**genewise** はイントロンを考慮してアミノ酸配列をゲノム配列に対して，**estwise** はアミノ酸配列を cDNA/EST 配列に対してそれぞれペアワイズにアラインメントするプログラムである。

4) https://doi.org/10.1101/gr.10.4.547

```
% genewise query.fa hogenome.fa > genewise-out.txt
```

ここで **query.fa** は FASTA 形式のアミノ酸配列，**hogenome.fa** は FASTA 形式の塩基配列である。**genewisedb** は複数あるアミノ酸配列群をゲノム配列に対して，**estwisedb** は同じく複数あるアミノ酸配列群を cDNA/EST 配列に対してアラインメントするプログラムである。**estwisedb** は FANTOM のアノテーションの際にも利用された。これらのプログラムは EBI のウェブインターフェース（https://www.ebi.ac.uk/Tools/psa/genewise/）から利用可能である。

BLAST

　BLAST（Basic Local Alignment Search Tool）は，NCBI で開発された**配列類似性検索のためのツール**である[5]。NCBI からプログラムのソースコードのみならず，各種プラットフォームで使えるコンパイルずみのバイナリ形式の実行ファイルが配布されている（ftp://ftp.ncbi.nlm.nih.gov/blast/executables/blast+/LATEST/）。macOS ならば Homebrew で，また，Bioconda を使えば Linux でも，ローカルマシンにインストールするのも簡単だ（参照）。

```
# Homebrew の場合
% brew install -v blast
```

```
# Bioconda の場合
% conda install -c bioconda blast
```

　図 4.3 に BLAST の動作原理を簡単にまとめた。最初に DB をスキャンする際に用いるワード（word）の長さは，**-word_size** オプションを用いて 2 以上の任意の長さを指定できるが，この例では，最近の NCBI BLAST（BLASTP）のデフォルトである 6 とした。

　上記の BLAST の論文では，Dayhoff 行列を含めたアミノ酸置換行列が類似性スコアの計算方法として検討されたものの，結果的に，**BLOSUM62** という置換行列が採用された。現在でも，**blastn** 以外の検索では，デフォルトとして BLOSUM62 が採用されている。上記の論文発表後も，ツールの検

5) Altschul SF et al., *J. Mol. Biol.* 215, 403 (1990) https://doi.org/10.1016/S0022-2836(05)80360-2

統合 TV
「NCBI BLAST+ を使って 自分の コンピュータで BLAST 検索をする ～導入・準備編（MacOS 版）～」 https://doi.org/10.7875/togotv.2020.094

BLAST のインストールは，『生命科学者のための Dr. Bono データ解析実践道場』の「3.2 配列類似性検索」(p.87) 参照

Dayhoff 行列は，p.8 の「アミノ酸置換行列 PAM」参照

図4.3 **BLASTの動作原理**
まず，クエリから，固定長の
wordのリストを作成する。こ
のwordとマッチする領域，も
しくはある閾値以上となる領
域があるかどうかをDB内でス
キャンし，その領域を中心に前
後にアライメントを伸ばし
てHigh Scoring Pair (HSP)
を得る（図下部の文字列が
HSP）。そして，HSPを組み合
わせ，統計学的評価が有意なも
のを順にレポートする。

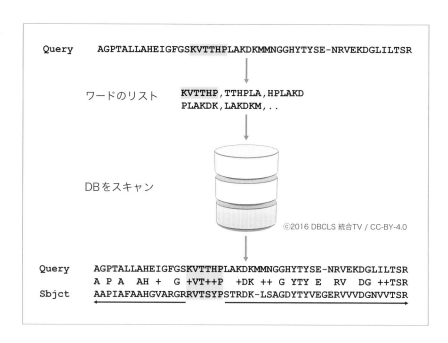

```
Query        AGPTALLAHEIGFGSKVTTHPLAKDKMMNGGHYTYSE-NRVEKDGLILTSR

ワードのリスト    KVTTHP,TTHPLA,HPLAKD
             PLAKDK,LAKDKM,..

DBをスキャン

                                          ©2016 DBCLS 統合TV / CC-BY-4.0

Query        AGPTALLAHEIGFGSKVTTHPLAKDKMMNGGHYTYSE-NRVEKDGLILTSR
             A PA   AH +  G +VT++P  +DK ++ G YTY E  RV  DG ++TSR
Sbjct        AAPIAFAAHGVARGRRVTSYPSTRDK-LSAGDYTYVEGERVVVDGNVVTSR
```

討は日々続けられて更新が行われ，コマンド名などの変更も何度かあった。
例えば，以前は BLAST 本体のコマンドが **blastall** だったり，BLAST 用
に DB の index を作成するコマンドが **formatdb** だったりしたのだが，現在
では以下に述べるコマンドで BLAST の各種操作が利用可能となっている。

統合 TV
「NCBI BLASTの使い方～基本編
～ 2017」
https://doi.org/10.7875/
togotv.2017.023

　BLAST はNCBIのウェブサイト上でも利用可能である（▶参照）。その場合，
検索対象 DB はすでにサーバー側で用意されているので，クエリだけを自前
で準備すればよく，非常に手軽に検索ができる。自前のマシンで BLAST を
実行（local BLAST と呼ぶ）するには，DB も準備する必要がある。

　query の配列としては，FASTA 形式の塩基もしくはアミノ酸配列，DB と
しては，multi-FASTA 形式の塩基もしくはアミノ酸配列が必要である。その
DB は，BLAST 検索用に index を作成しておく必要がある。それをするコマ
ンドが **makeblastdb** で，p. 133 で示した BLAST のインストールで同時に
インストールされる。

```
% makeblastdb -in hoge_pep.fa -dbtype prot -hash_index
```

ここで，DB がアミノ酸配列の場合は上記のように，**-dbtype** として **prot**
を指定するが，塩基配列の場合には，以下のように **nucl** を指定する。また，

後述のように, この DB から部分配列を取得したいといった場合には, さらに, 以下のように **-parse_seqids** を指定しておくと便利である。

```
% makeblastdb -in hogenome.fa -dbtype nucl -hash_index -parse_seqids
```

としておいた場合,

```
% blastdbcmd -db hogenome.fa -entry 1 -range 10000-20000
```

というコマンドで, **hogenome.fa** 内の 1 番目の配列の, 10,000 番目塩基〜20,000 番目塩基までの領域の配列が切り出せる。地味なおまけ機能のように思えるかもしれないが, ゲノム配列から任意の領域を切り出せるため, さまざまな配列解析へ応用できる。例えば, 数百もの ChIP-seq のピークの座標情報からその付近の 1000 塩基長の領域の塩基配列をすべて切り出してくる, などが考えられるだろう。

また, 実際の BLAST の実行には, クエリと DB の種類によって使うプログラムが異なるので注意が必要である (表4.1)。例えば, クエリと DB がともに塩基配列の場合,

```
% blastn -query query_nucl.fa -db hogenome.fa
```

のようなコマンドで実行できる。コマンドラインで local BLAST を使うことの利点は, クエリに大量の配列が入力でき, 一気に結果が得られる点である。その場合, クエリには複数の配列を multi-FASTA 形式で入力する。ただし,

表4.1 BLASTの各種プログラム

query \ DB	塩基配列	アミノ酸配列
塩基配列	blastn tblastx	blastx
アミノ酸配列	tblastn	blastp

塩基配列レベルでの配列比較を行うのは **blastn** のみで, 残りのものはすべてアミノ酸配列レベルでの配列比較を行う。また頭文字に t がつく **tblastn** と **tblastx** は, 塩基配列DBをアミノ酸配列に翻訳しながら配列比較するため, 他のプログラムに比べると実行時間がはるかに長くなる。

多数の情報が標準出力に表示されるが，計算結果を試験的に見たいだけの場合は，以下のコマンドラインのように，ページャコマンドの **less** で受けることが多い。

lessは, p.79のコラム「なぜコマンドlessか?」参照

```
% blastn -query query_nucl.fa -db hogenome.fa | less
```

そして，以下のような出力結果が得られる。

```
BLASTN 2.6.0+


Reference: Zheng Zhang, Scott Schwartz, Lukas Wagner, and Webb
Miller (2000), "A greedy algorithm for aligning DNA sequences", J
Comput Biol 2000; 7(1-2):203-14.



Database: hogenome.fa
           555 sequences; 51,074,893,037 total letters



Query= NM_001428.3 Homo sapiens enolase 1 (ENO1), transcript variant 1,
mRNA

Length=2204
                                                           Score     E
Sequences producing significant alignments:               (Bits)  Value

1   dna:chromosome chromosome:GRCh38:1:1:248956422:1 REF    2182    0.0
2   dna:chromosome chromosome:GRCh38:2:1:242193529:1 REF     254    4e-63
17  dna:chromosome chromosome:GRCh38:17:1:83257441:1 REF     211    2e-50
12  dna:chromosome chromosome:GRCh38:12:1:133275309:1 REF    211    2e-50


>1 dna:chromosome chromosome:GRCh38:1:1:248956422:1 REF
Length=248956422

 Score = 2182 bits (1181),  Expect = 0.0
 Identities = 1425/1545 (92%), Gaps = 7/1545 (0%)
 Strand=Plus/Plus

Query  455        ACCTCGGTGTCTGCAGCACCCTCCGCTTCCTCTCCTAGGCGACGAGACCCAGTGGCTAGA  514
                  ||||  |||||||||||||||||||| ||| |||||||||| | ||||||||||||||||
Sbjct  236483098  ACCTGAGTGTCTGCAGCACCCTCCACTT-CTCTCCTAGGCAATGAGACCCAGTGGCTAGA  236483156

(中略)

Query  1949       ACCGCCGTGGAGTTCGTACCGCTTCCTTAGAACTTCTACAGAAGC  1993
                  |||||||||||||||| ||| ||||||||||||||||||||||||
Sbjct  236484597  ACCGCCGTGGAGTTCGCACCTCTTCCTTAGAACTTCTACAGAAGC  236484641
```

```
 Score = 948 bits (513),  Expect = 0.0
 Identities = 513/513 (100%), Gaps = 0/513 (0%)
 Strand=Plus/Minus

Query  1        GTGGGGCCCCAGAGCGACGCTGAGTGCGTGCGGGACTCGGAGTACGTGACGGAGCCCCGA  60
                ||||||||||||||||||||||||||||||||||||||||||||||||||||||||||||
Sbjct  8879092  GTGGGGCCCCAGAGCGACGCTGAGTGCGTGCGGGACTCGGAGTACGTGACGGAGCCCCGA  8879033

Query  61       GCTCTCATGCCCGCCACGCCGCCCCGGGCCATCCCCCGGAGCCCCGGCTCCGCACACCCC  120
                ||||||||||||||||||||||||||||||||||||||||||||||||||||||||||||
Sbjct  8879032  GCTCTCATGCCCGCCACGCCGCCCCGGGCCATCCCCCGGAGCCCCGGCTCCGCACACCCC  8878973

(中略)

Query  421      CCCGGAGCACGGAGATCTCGCCGGCTTTACGTTCACCTCGGTGTCTGCAGCACCCTCCGC  480
                ||||||||||||||||||||||||||||||||||||||||||||||||||||||||||||
Sbjct  8878672  CCCGGAGCACGGAGATCTCGCCGGCTTTACGTTCACCTCGGTGTCTGCAGCACCCTCCGC  8878613

Query  481      TTCCTCTCCTAGGCGACGAGACCCAGTGGCTAG   513
                |||||||||||||||||||||||||||||||||
Sbjct  8878612  TTCCTCTCCTAGGCGACGAGACCCAGTGGCTAG   8878580


 Score = 798 bits (432),  Expect = 0.0
 Identities = 432/432 (100%), Gaps = 0/432 (0%)
 Strand=Plus/Minus

Query  1756     AGAATTGAAGAGGAGCTGGGCAGCAAGGCTAAGTTTGCCGGCAGGAACTTCAGAAACCCC  1815
                ||||||||||||||||||||||||||||||||||||||||||||||||||||||||||||
Sbjct  8861431  AGAATTGAAGAGGAGCTGGGCAGCAAGGCTAAGTTTGCCGGCAGGAACTTCAGAAACCCC  8861372

Query  1816     TTGGCCAAGTAAGCTGTGGGCAGGCAAGCCCTTCGGTCACCTGTTGGCTACACAGACCCC  1875
                ||||||||||||||||||||||||||||||||||||||||||||||||||||||||||||
Sbjct  8861371  TTGGCCAAGTAAGCTGTGGGCAGGCAAGCCCTTCGGTCACCTGTTGGCTACACAGACCCC  8861312

(以下略)
```

　この例では，ヒトの SOD1 遺伝子の mRNA 配列をクエリとして，ヒトゲノム配列（`hogenome.fa`）を DB として BLAST 検索している．1 番染色体に何か所かヒットがあったのがわかる．コンピュータが導き出した最ももっともらしい（スコアが高い）のがトップヒットだが，シングルエクソン構造でところどころに変異も入っているので，偽遺伝子のようである．2 番目に出てきたヒットは，ゲノム中に続いてアラインメントが取れており，1 番目の例にあったような変異もなく，おそらくこちらが実際の遺伝子コード領域であろうと推察できる．

　上で示したのはデフォルトの BLAST の出力で，研究者がその出力を見て，

上記のように DB のヒットやそれぞれのアラインメントを評価するという目的で使われる。残念ながら，コンピュータに大量の処理をさせるという用途には向いていない。そこで，出力形式オプション **-outfmt** で別の形式を指定し，大量の処理に備えることをよく行う。例えば，タブ区切りで出力するオプション（どのカラムがどういう数値かというコメント付き）は，**-outfmt** の 7 で指定できる。また，**-out** オプションで出力先のファイルを指定できる。

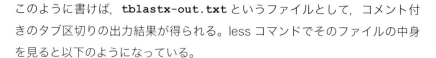

```
% tblastx -query query_nucl.fa -db hogenome.fa -evalue 1e-10 -num_threads 4 -outfmt 7 -out tblastx-out.txt
```

このように書けば，**tblastx-out.txt** というファイルとして，コメント付きのタブ区切りの出力結果が得られる。less コマンドでそのファイルの中身を見ると以下のようになっている。

```
% less tblastx-out.txt
# BLASTN 2.6.0+
# Query: NM_001428.3 Homo sapiens enolase 1 (ENO1), transcript variant 1, mRNA
# Database: ../human/Homo_sapiens.GRCh38.dna.toplevel.fa
# Fields: query acc.ver, subject acc.ver, % identity, alignment length, mismatches, gap opens, q. start, q.
# 18 hits found
NM_001428.3   1    92.233  1545  113  3   455   1993  236483098   236484641   0.0
NM_001428.3   1    100.000 513   0    0   1     513   8879092 8878580 0.0   948
NM_001420.3   1    100.000 432   0    0   1756  2187  8861431 8861000 0.0   798
NM_001428.3   1    99.563  229   0    1   963   1190  8866506 8866278 4.27e-112   416
NM_001428.3   1    100.000 206   0    0   1386  1591  8864094 8863889 1.56e-101   381
NM_001428.3   1    99.038  208   0    2   1188  1393  8865484 8865277 9.38e-99    372
NM_001428.3   1    100.000 135   0    0   833   967   8867250 8867116 4.58e-62    250
NM_001428.3   1    97.479  119   2    1   1590  1708  8863343 8863226 1.30e-47    202
NM_001428.3   1    100.000 100   0    0   606   705   8871988 8871889 1.31e-42    185
NM_001428.3   1    100.000 98    0    0   512   609   8874919 8874822 1.70e-41    182
NM_001428.3   1    97.436  78    2    0   761   838   8868059 8867982 4.82e-27    134
NM_001428.3   1    96.154  78    3    0   1977  2054  236484727   236484804   2.24e-
NM_001428.3   1    100.000 61    0    0   1697  1757  8862947 8862887 6.28e-21    113
NM_001428.3   1    100.000 60    0    0   703   762   8870511 8870452 2.26e-20    111
NM_001428.3   2    74.419  645   140  15  511   1149  201623442   201622817   3.54e-
NM_001428.3   17   84.332  217   32   2   966   1181  4955074 4955289 2.16e-50    211
NM_001428.3   17   81.250  128   24   0   835   962   4953714 4953841 3.78e-18    104
NM_001428.3   12   84.091  220   34   1   963   1181  6917935 6918154 2.16e-50    211
# BLAST processed 1 queries
```

それぞれのカラムの意味は，**# Fields:** から始まる行に簡単な説明がある。このようなタブ区切りフォーマットだとコンピュータで処理しやすくなる。

　また，上記で加えた 2 つのオプション（**-evalue** と **-num_threads**）についても説明しておこう。配列検索をしたときに，クエリが DB 中の配列と偶然ヒットしてしまう可能性もあるので，BLAST 検索では，偶然ヒットする期待値にもとづいて，配列ヒットのカットオフ値（閾値）を作成する。0 に近いほど，そのヒットは偶然ではなくなるということになる。デフォルトでは期待値 10 になっているが，この例でも指定している **-evalue** オプションでそのカットオフ値を指定できる。カットオフ値を 0 に近い厳しい値にすると，ヒット数が減少し，計算時間が短縮される。ちなみに 1e-10 は $10^{-10}=$ 0.0000000001 のことである。**-num_threads■4** は，利用する最大スレッド数を 4 にするというオプションで，ssearch や FASTA 同様，BLAST も並列処理が可能となっている。

　BLAST は配列データ解析の基本であるため，ウェブ版の NCBI BLAST はもちろんのこと，上述のコマンドラインの local BLAST も使いこなせるようにしておくと，より多くのデータ解析に取り組めることは間違いない。本文中にも記したが，統合 TV ▶による動画チュートリアルが 2017 年版として下記のようにすでに公開されているので参考にしてほしい。

- NCBI BLAST の使い方〜基本編〜 2017
  https://doi.org/10.7875/togotv.2017.023
- Local BLAST の使い方〜導入・準備編（MacOSX 版）〜 2017
  https://doi.org/10.7875/togotv.2017.031
- Local BLAST の使い方〜検索実行・オプション編（MacOSX 版）〜 2017
  https://doi.org/10.7875/togotv.2017.045

BLAT

　BLAT（The BLAST-Like Alignment Tool）は，検索対象をリファンレスゲノム配列に特化させた配列類似性検索のためのツールで，genome landing ツールとも呼ばれる[6]。非常に高速に，しかもエクソンとイントロンの境界も考慮して，ゲノムに対するアライメントがなされる。BLAT が高速なのは，リフェレンスゲノムのみを対象の DB として，そこでほぼ一致する領域を探すことに特化していることと（BLAST はもともとは，遠く離れた類縁関係を検出することを目的としていた），ゲノム中の重ならない K-mer（デフォルトで 11mer）index を作成していることによる（https://genome.

📖 配列類似性検索の方法については，『生命科学者のためのDr. Bono データ解析実践道場』「3.2 配列類似性検索」(p.87) 参照

[6] https://doi.org/10.1101/gr.229202

ucsc.edu/FAQ/FAQblat.html)。

通常は，UCSC Genome Browser のサイトにあるウェブインターフェース経由で BLAT を利用することが多いだろう。しかし，コマンドラインでの実行も可能で，2020 年 11 月現在，macOS ならば Homebrew で，また Bioconda を使って Linux でも，ローカルマシンにインストール可能である。

```
#■Homebrew の場合
% brew■install■-v■blat
```

```
#■Bioconda の場合
% conda■install■-c■bioconda■blat
```

BLAT のコマンドラインでの実行例を以下に示す。

```
% blat■hogenome.fa■query_nucl.fa■output.psl
```

この場合，**hogenome.fa** が multi-FASTA 形式の検索対象の DB，**query_nucl.fa** がクエリ（FASTA または multi-FASTA 形式），また，**output.psl** が出力で，これは PSL 形式となる。

 PSL 形式は，p.118の「PSL形式」参照

他の配列類似性検索ツール同様，アミノ酸配列がクエリでも検索できる。ラウス肉腫ウイルスが宿主のニワトリから持ち出したと考えられる配列をニワトリゲノムに対して検索する，といったことも可能である（▶参照）。

統合 TV

「UCSC BLAT を使って，ウイルスの持ち出した宿主の遺伝子配列がコードされている領域をアミノ酸配列レベルでゲノム中から探し当てる 2017」
https://doi.org/10.7875/togotv.2017.124

コラム

なぜ，相同性じゃなくて類似性なのか？

遺伝学では，タンパク質のアミノ酸配列や遺伝子の塩基配列が**共通の祖先**をもつと考えられるときに相同性という用語を用いる。だがバイオインフォマティクスでは，相同性ではなく，類似性ということばがよく使われる。なぜなら，解析対象のデータが共通祖先に由来するかどうかは，解析をしてみてはじめてわかることだからである。類似性は，単に「似ている」か「似てない」かのみを示す用語であり，解析の結果，類似性のスコア（数値化）が算出され，それにもとづいて，相同性が「ある」か「ないか」が判断されるのである。参考ウェブサイト：https://togetter.com/li/307635

コラム

ソフトウェアのライセンスは？

　基本的にはソフトウェアごとに異なっているので，それぞれのソフトウエア
に書かれている条件に従う必要がある。CCライセンス(p.25のコラム「CCラ
イセンス─生命科学DBのライセンス」参照)というよりは，それ以外のさまざ
まなライセンスがつけられているのだが，基本的にはMIT Licenseなどの自
由なライセンスのことが多い。

　BLATはアカデミア，非営利，個人使用には無償で利用可能だが，営利目
的には有償となっている。そういう事情もあって，依然としてBLASTが多
用されている傾向がある。

多重配列アライメントと系統樹

　多重配列アライメント（multiple sequence alignment）は3本以上の
配列を比べて，できる限りギャップを入れないようにして，似たアミノ酸（も
しくは塩基）を並べる手法である。多重配列アライメントと分子系統樹は
密接な関係にあり，アライメントした結果から分子系統樹を推定し，その
結果を見て，アライメントを改良するという操作を行うことにより，アラ
インメントが完成する（図4.4）。

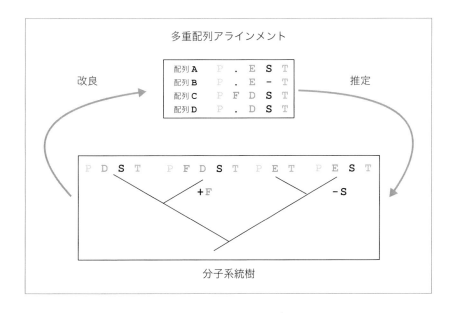

図4.4　多重配列アライメントと系統樹　多重配列アラインメントから分子系統樹を推定し，またその結果を見て，多重配列アライメントを改良する，という関係にある。

? 何て呼んだらいいの

ClustalV
クラスタルヴイと呼ぶ
ClustalW
クラスタルダブリューと呼ぶ

7) Higgins DG and Sharp PM, *Gene* 73, 237 (1988)
https://doi.org/10.1016/0378-1119(88)90330-7

8) Higgins DG et al., *Comput Appl Biosci* 8, 189 (1992)
https://doi.org/10.1093/bioinformatics/8.2.189

9) Thompson JD et al., *Nucl. Acids Res.* 22, 4673 (1994)
https://doi.org/10.1093/nar/22.22.4673

10) Sievers F et al., *Molecular Systems Biology* 7, 539(2011)
https://doi.org/10.1038/msb.2011.75

 統合 TV

「Clustal Omegaを使ってマルチプルアラインメントを行う」
https://doi.org/10.7875/togotv.2015.019

多重配列アラインメントのツールとしては，古くは FORTRAN で書かれた Clustal シリーズが使われていた[7]。その後，それを C 言語で書き直した ClustalV[8]，およびそれの改良版の ClustalW[9] が広く使われてきた。

ClustalW では，まず入力された配列のすべてのペアについてアラインメントを作成し，それらの配列ペア間のスコアが計算される。そして，配列ペア間の全スコアをもとにガイドツリーが作成される。最後に，ガイドツリーにしたがって類縁の配列からアラインメントが行われ，アラインメントに配列（もしくはアラインメント）を並べることが繰り返されていき，多重配列アラインメントが作成される。

現在ではさらに，ガイドツリー作成のステップが改良され，19 万あまりの配列を 1CPU 上で数時間で計算可能な Clustal Omega が利用可能となっている[10]。

Clustal Omega は，EBI にあるウェブインターフェース（https://www.ebi.ac.uk/Tools/msa/clustalo/）で手軽に使える（▶参照）。外部には出せない配列データであったり，データサイズが大量である場合，手元のマシンに Clustal Omega のプログラムをインストールしてコマンドラインで使うことができる。macOS の場合は Homebrew で，また Bioconda を使って Linux でも以下のようにしてインストールできる。

```
# Homebrew の場合
% brew install -v clustal-omega
```

```
# Bioconda の場合
% conda install -c bioconda clustalo
```

その他のプラットフォームの場合には，コンパイル済みのバイナリファイル（実行ファイル）が Clustal Omega のウェブサイト（http://www.clustal.org/omega/）からも入手可能だ。コマンドは，**clustalo** で，以下のように実行する。

```
% clustalo -i unaligned.mfa -o aligned.mfa
```

入力（**unaligned.mfa**），出力（**aligned.mfa**）ともに multi-FASTA 形式
だが，出力のほうはアラインメントの結果，多くの場所にギャップが入った
multi-FASTA 形式となっている。

multi-FASTA は，p.99参照

また，この多重配列アラインメントを作成するのに，作成する多重配列ア
ラインメントと似たプロファイル HMM がある場合，それを **--hmm-in** オプ
ションで指定することができる。これらのプロファイル HMM はタンパク質
ファミリー DB の Pfam から利用可能であり，以下のように指定すればよい。

？ それって何だっけ

Hidden Markov Model (HMM)
時系列パターンの認識に応用されている確率モデルの一種。

```
% clustalo -i unaligned.mfa --hmm-in=Pfam.hmm -o aligned_hmm.mfa
```

この例では，**Pfam.hmm** が指定したプロファイル HMM である。

また，MAFFT は 1 万個以上の配列に対してアラインメント可能な，よく
使われている多重配列アラインメントプログラムである [11]。Clustal Omega
と同様にウェブインターフェースでも使える（▶参照）。Clustal Omega と
同様にローカルにインストールしてコマンドラインでも利用可能で，
Homebrew や Bioconda で簡単に導入可能である。特にデータが大量で，
繰り返し計算して多重配列アラインメントの検討が必要というときに，コマ
ンドラインでの使用が便利である。

？ 何て呼んだらいいの

MAFFT
マフトと呼ぶ

11) https://doi.org/10.1093/nar/gkf436

▶ 統合 TV
「MAFFTを使ってマルチプルアラインメントを行う」
https://doi.org/10.7875/togotv.2015.035

```
# Homebrew の場合
% brew install -v mafft
```

```
# Bioconda の場合
% conda install -c bioconda mafft
```

また使い方も大変シンプルで，基本は以下の通りである。**unaligned.mfa**
が入力，**aligned.mfa** が出力である。

```
% mafft unaligned.mfa > aligned.mfa
```

多重配列アラインメントの入力データとしては multi-FASTA フォーマットが
以前からよく使われてきた。出力ファイルとしては，CLUSTAL 独自のフォー
マットがあり，また，かつてはその他にもさまざまなフォーマットが使われ

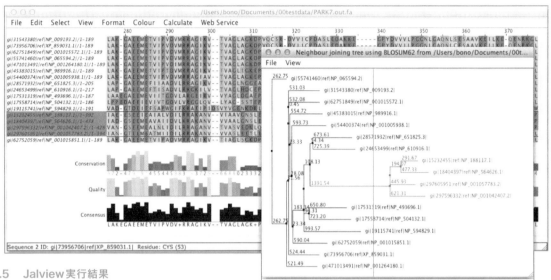

図4.5 Jalview実行結果
左側に見えるのが多重配列ア
ラインメントの可視化結果で,
右側のwindowにそのアライ
ンメントにもとづく分子系統
樹が表示されている。この系統
樹で選択した色付きの配列群
が, アラインメントwindow側
でも標識されている。

ていた。最新のソフトウェアの多くがそれらのフォーマットに対応しており,
フォーマットの変更の問題で悩まされることは, ほとんどないだろう。現在
ではギャップ入りの multi-FASTA フォーマットが, Clustal Omega や
MAFFT のデフォルトの出力として使われている。

　多重配列アラインメントを行った結果は, Jalview などのソフトウェアで可
視化できる (図 4.5)。Jalview は多重配列アラインメントのエディタで,
Clustal Omega や MAFFT などで作成した多重配列アラインメントを簡単に
可視化することもできるのである。さらに, その多重配列アラインメントに
もとづいた系統樹を簡単に作成することもできる, Java ベースの老舗ソフト
ウェアである [12]。

 系統樹作成の方法については,
『生命科学者のためのDr. Bono
データ解析実践道場』の「3.3 系統
樹作成」(p.110) 参照

12) https://doi.org/10.1093/
　　bioinformatics/btp033

　Jalview で表示された多重配列アラインメントは, 例えば, 各アミノ酸位
置でのパーセント一致度 (Percentage Identity) など, さまざまな基準で色
付けすることができる。マウス操作でアラインメントを編集することも可能
である。また, マウス操作のみで系統樹も作成でき, ワンクリックで遺伝子
群が自動的に色付けされ, 閾値を意識することなくグループ分けできる。系
統樹作成の方法は近隣結合法 (Neighbor Joining) あるいは平均距離法
(Average Distance) が, 距離の計算方法としては PAM250,
BLOSUM62, あるいはパーセント一致度 (% Identity) が選べる (▶参照)。

▶ 統合 TV

「Jalviewを使って配列解析・系統
樹作成をする 2013」
https://doi.org/10.7875/
togotv.2013.049

マッピング（Suffix Array）

　次世代シークエンサーの登場により，個人ゲノム配列やさまざまなサンプルの転写産物の配列が大量に解読できるようになった。かつてのように，解読した遺伝子配列を，これまでに知られている配列の DB に対して検索し，機能を類推するといった配列類似性検索の時代はすでに終わっている。2020年代の現在においては，読んだ配列をまずヒトゲノムやマウスゲノムにマッピングして，それらがゲノム中のどこに由来するものか，対応させることが主に行われている。つまり，**クエリとなるデータは巨大化し，検索対象 DB はヒトゲノムやマウスゲノムなどに固定化されたのが，現代の特徴**である。このような状況下において，配列類似性検索を超高速に行うのを実現可能にした，特別なインデックス化を用いた技術が，Suffix Array である。以下に，Suffix Array を利用したソフトウエアを紹介する。

BWA と Bowtie

　BWA と Bowtie は，次世代シークエンサーから出てきたデータをリファレンスゲノム配列にマッピングすることに特化したソフトウェアだ [13]。検索する対象 DB（リファンンレスゲノム配列）が，あらかじめ Burrows Wheeler Transform（BWT）で処理されており，そのため，検索対象文字列の出現位置を高速に検索することができるという特徴があり，また非常に短い配列でも検索可能となる。

　そのインデックスの作成であるが，BWA の場合，リファンレスゲノム配列（multi-FASTA 形式）が **hogenome.fa** だとすると，

```
% bwa index hogenome.fa
```

と指定すればよい。また Bowtie の場合には，**bowtie-build** コマンドが用いられる。

```
% bowtie-build hogenome.fa hogenome
```

ヒトやマウスの場合，すでに BWA や Bowtie 用のインデックス作成済みのリファレンスゲノム配列ファイルが提供されているので，それを使うのも手

？ 何て呼んだらいいの

Suffix Array
サフィックスアレイと呼ぶ

？ 何て呼んだらいいの

BWA
ビーダブリューエーと呼ぶ
Bowtie
ボウタイと呼ぶ

----

13) https://doi.org/10.1093/
bioinformatics/btp324
https://doi.org/10.1186/
gb-2009-10-3-r25

である。

　そして，実際の検索であるが，BWA の場合は，

```
% bwa mem hogenome.fa hoge.fastq.gz > hoge.sam
```

マッピングコマンドの詳細は，『次世代シークエンサー DRY 解析教本』の「0から始める疾患ゲノム解析 ver2」などを参照

として実行し，マッピングを行う。Bowtie の場合は

```
% bowtie -q -x hogenome -S hoge.sam -p 4 hoge.fastq.gz
```

としてコマンドを実行し，マッピングを行う。

　これらの計算は，コンピュータに非常に大きな負荷がかかるので，並列化が必須である。上記コマンド例でも示されているように，自らの環境に合わせたスレッド数の設定をする必要がある。

？ 何て呼んだらいいの

GGRNA
ググルナと呼ぶ
GGGenome
ゲゲゲノムと呼ぶ

14) https://doi.org/10.1093/nar/gks448

統合 TV
「GGRNAで遺伝子をGoogleのように検索する」
https://doi.org/10.7875/togotv.2012.003

統合 TV
「GGGenome《ゲゲゲノム》を使って高速塩基配列検索をする 2018」
https://doi.org/10.7875/togotv.2018.170

GGRNA と GGGenome

　上述の BWA や Bowtie と同様に，Suffix Array を使った利用したツールとして GGRNA と GGGenome がある [14]。これらは DBCLS のサービスとして維持されており，塩基配列を Google のように検索できる。

　GGRNA は，Google のような検索を RefSeq データベースの mRNA エントリー全体に対して実現しており，これまでの DB 全文検索では対象から除外されてきた塩基配列データ（ここでは mRNA）そのものに対しても，同時に検索できるようになっている（▶参照）。

　GGGenome は，塩基配列データに対する検索を，RNA に対してだけでなくゲノム配列に対しても行えるようにするために開発された。GGRNA 同様に，Suffix Array を用いている。それにより，各種生物種のリファレンスゲノム配列に対して検索する際に，非常に短い配列でもマッピングが可能となる。GGGenome の場合，完全マッチだけでなく，曖昧検索も許容されている。具体的には，全体の長さの最大 25％ までのミスマッチが許されている。例えば，検索配列が 20 塩基だとすると，最大 5 塩基までのミスマッチまでを許して，その条件でマッチするゲノム上の領域を探すことができる（▶参照）。

　GGGenome サーバーに対する Web API が公開されているので，それを使って機械的に結果を得ることができる。例えば，ヒトリファレンスゲノム hg38 に対して，**AGGTCANNNTGACCT** という配列パターンで（**N** は，**A**，**T**，**G**，**C** どの塩基でもよい），一塩基ミスマッチを許す条件で検索した結果を，GFF3 形式で得たいとする。それには，以下のように指定すればよい。

Web API は，p.127 のコラム「TogoWS で配列取得と形式変換」参照

```
% curl -O https://gggenome.dbcls.jp/hg38/1/AGGTCANNNTGACCT.gff
```

現在のディレクトリに，**AGGTCANNNTGACCT.gff** というファイル名で結果が得られる。

　また，この GGGenome のゲノム中への高速な検索を利用した応用例として，CRISPR/Cas のガイド RNA の設計ツール CRISPRdirect（`https://crispr.dbcls.jp/`）がある[15]。設計した配列がゲノム中に何回マッピングされるかを前もって計算し，それがどの領域であったかを表示するのに GGGenome が用いられている（参照）。

15) `https://doi.org/10.1093/bioinformatics/btu743`

統合 TV 「CRISPRdirect を使って CRISPR/Cas 法のガイド RNA 配列を設計する」 `https://doi.org/10.7875/togotv.2014.025`

アッセンブル

　長い配列が読める次世代シークエンサーが登場してきたといっても，染色体 1 本まるごとを一つづきの塩基配列として解読することはまだまだ不可能である。つまり現状，部分配列しか配列解読できない。そこで元の長い塩基配列を知るために，解読した配列をコンピュータ上で**アッセンブル**（assemble：「**組み立てる**」の意味）することが必要となってくる。

ゲノム配列のアッセンブル

　ゲノム配列を直接アッセンブルすることは，ヒトのサンプルだけを扱っている場合には，自ら行うことはないだろう。そのかわりに，上述のゲノムへのマッピングを行う。つまり，リファレンス配列との差分の解析が行われる。

　これまでよく使われてきたヒト疾患モデル生物に関しても，すでに配列解読されてアッセンブルされたリファレンスゲノム配列が得られ，しかもそれに対してきちんとゲノムアノテーションされて，それが利用可能であることが多い。いろいろな生物のゲノムに関する情報は 2 大ゲノムブラウザ（UCSC

Genome Browser と Ensembl Genome Browser）や NCBI の サ イ ト（https://www.ncbi.nlm.nih.gov/genome/browse）にまとめられているので，そういうところを参照するとよい。

　ただし，今後ヒト疾患モデルとして新規な生物種を利用する際には，そのゲノム配列とゲノムアノテーションが必要となり，自らそれを行う必要が出てくる可能性がある。また，シークエンス解読技術の急速な進展の副産物として，新しい生物のゲノム配列がシークエンスされ，それが公開されていたとしてもアッセンブルされない短い配列が大量に置かれているだけであったり，そのゲノム配列に対してゲノムアノテーションが不十分で使い物にならないことがままある。すなわち，すでに解読されたと報告されていても，現状それがまったく使い物にならない場合である。

　ゲノム配列をアッセンブルする assembler は，東京工業大学のグループが中心になって作られた和製の platanus（http://platanus.bio.titech.ac.jp/）をはじめ，さまざまなツールが開発されており，nucleotid.es（http://nucleotid.es/）という assembler のカタログのウェブサイトが公開されている。assembler はその性質上，実行する際に非常に多くのメモリを必要とし，手元のコンピュータで実行するのが困難である。例えば，著者が platanus を実際に動かした際には 128 Gbyte のメモリを実行の際に指定していた。そこで，国立遺伝学研究所スーパーコンピュータシステム（通称，遺伝研スパコン）を申請して利用することをおすすめする。遺伝研スパコンは基本的には無料で利用できることを原則としており（https://sc.ddbj.nig.ac.jp/ja/guide），すでに複数の人による利用実績があるというのも大きな魅力である。

📖 Canuなどについては，『次世代シークエンサー DRY 解析教本 改訂第 2 版』の「0 から始めるバクテリアゲノム解析」と「0 から始める動物ゲノムアセンブリ」参照

　また，長読みシークエンス用として，FALCON（https://github.com/PacificBiosciences/FALCON）や Canu（https://github.com/marbl/canu）が開発され，使われている。執筆時点の 2020 年 11 月現在，まだまだ開発途上のソフトウェアで，そのインストールなど，利用するまでのハードルが高い状況で，今後の開発が期待される。URL を見ての通り，GitHub 上でソースコードやドキュメントがシェアされており，オープンソースとなっており，従来のメーカーのやり方とは大きく異なっている。

転写配列のアッセンブル

これも上述のゲノムアッセンブルと同様，ヒトのサンプルだけを扱った研究では不要なのかもしれない。しかし，解読された転写配列（transcriptome）をすべてクラスタリングするツール（ここで紹介する Trinity など）をうまく利用すれば，これまでのゲノムアノテーションにない遺伝子の発見を行えるかもしれない。つまり，ヒト遺伝子セットと，Trinity を実行して得られる配列セットを配列比較解析することによって，既知の遺伝子セットにはない遺伝子が発見されることが十分に考えられる。ゲノムマッピングによる手法では見落とす可能性のある配列も見逃さないのが特徴である。

また，ヒトやマウス以外のモデル生物を用いて研究する際には，基本的に，ヒトやマウスとの配列類似性だけにもとづいて遺伝子アノテーションが行われることが多いため，その生物だけに特有の転写産物を見落としてしまいがちである。そういった場合に，このトランスクリプトームアッセンブルが有効な解析手段となる。

トランスクリプトームのアッセンブルには，Trinity（https://trinityrnaseq.github.io）というソフトウェアがよく用いられる。一言でいうと，第 2 章で紹介した NCBI UniGene を自らの RNA-seq データから作成するツールといえる。執筆時点の 2020 年 11 月現在では，macOS でも Linux でも実行可能である。Bioconda で簡単にインストールできる。

Dr. Bono から

マッピングでは配列を見落とす可能性があるのは，リファレンスゲノム配列のアッセンブルミスの存在や，リファレンスゲノム配列にはない，そのサンプルが由来する個体独特のバリアントの存在があるからである。

```
% conda install -c bioconda trinity
```

ただし，macOS 版はかなり前からメンテナンスされておらず，古いバージョンとなるので，Docker を使って仮想環境上で実行することをお勧めする。また，実行には多くのメモリが必要となるので，実際の使用にはメモリが多く搭載された Linux サーバーなどを用いたほうがよいかもしれない（p.150 のコラム「Docker」参照）。

解析の流れは，図 4.6 に示した通りである。入力は FASTQ 形式のファイルを用い，出力としては multi-FASTA 形式の transcript 配列（DNA）が得られる。

> **コラム**
>
> ## Docker
>
> Dockerとは，プログラムをミニチュア版の仮想環境で動かす仕組みとして注目されている技術である。利点として，
>
> 1　環境に依存しない ＝ インストールに失敗しない。
> 2　バージョンを指定したもので動かせる ＝ 再現性担保。
> 3　ホストOSはMacOSXでもWindowsでもLinuxでもよい。
>
> など，バイオインフォマティクスのデータ解析に好都合な特性を持ち合わせている。例えば，すでにインストールしてある他のツールと利用ソフトウェアが衝突するなどしてインストールが困難なTrinityも，以下のようなコマンドでDocker上で実行できる。
>
> ```
> % docker run --rm -v `pwd`:`pwd` trinityrnaseq/trinityrnaseq \
>   Trinity --seqType fq \
>   --left `pwd`/sample1.left.fq.gz,`pwd`/sample2.left.fq.gz \
>   --right `pwd`/sample1.right.fq.gz,`pwd`/sample2.right.fq.gz \
>   --max_memory 64G --CPU 12 --output `pwd`/trinity_out_dir
> ```
>
> Dockerを使うためには，以下の注意が必要である。
>
> 1　メモリをたくさん積んだマシンを用意する。
> 2　（ホストOSがMacOSXの場合）Dockerへの割り当てメモリをふやす。
> 3　インターネット回線が太い環境で利用する。
>
> また，BioContainers（https://biocontainers.pro/）にBiocondaにあるツールが全てDockerコンテナ化されており，自由に使うことが可能となっているので，今後利用が広がるであろうと考えられる。

図4.6　転写配列アッセンブルの解析の流れ　Trinityそのものからの出力はcDNA配列（multi-FASTA形式）だが，Transdecoderという付属プログラムを使うことで，その中にコードされたアミノ酸配列を予測できるようになる。その副産物として非翻訳領域（Untranslated region：UTR）のアノテーションが得られる。また付属プログラムの**align_and_estimate_abundance.pl**を使えば，発現値を見積もることも可能である。

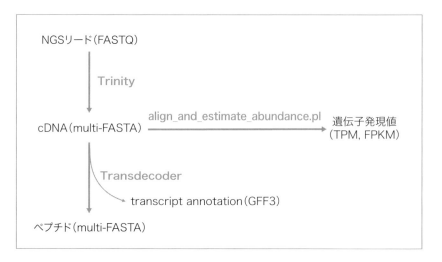

　Trinity の実行は，以下の通りである。この例では入力が**ペアエンド**の場合
を示している。

```
% Trinity --seqType fq --left hoge_1.fq.gz --right hoge_2.fq.gz
--max_memory 16G --CPU 4
```

ここで，入力の FASTQ 配列は **hoge_1.fq.gz** と **hoge_2.fq.gz** だが，gzip
圧縮されたままでも問題なく動作する。**--max_memory** でメモリの最大使用
サイズを，**--CPU** で CPU の最大使用数を指定している。また，**シングルエ
ンド**の場合は同様に，

```
% Trinity --seqType fq --single fuga.fq.bz2 --max_memory 16G
--CPU 4
```

とすればよく，この場合の入力は，**--single** オプションを用いて，**fuga.
fq.bz2** という bzip2 圧縮されたファイルを指定している。bzip2 圧縮され
ていても，そのままのファイルで問題なく実行が可能である。結果は，ペア
エンドの場合もシングルエンドの場合も **Trinity.fasta** という multi-
FASTA 形式のファイルとして出力される。

　転写配列はゲノムと異なり，サンプルを収集した臓器や時期によってその
コンテンツが異なるため，サンプルごとに結果が異なる。それらを比較解析
することで，さまざまな生物学的に興味深い知見が得られる。特にこれまで
よくわかっていなかった非コード RNA（non-coding RNA）に関する情報が
比較的手軽に得られるようになったのは，すばらしいことである。

　Transdecoder という Trinity に付属したプログラムを実行することで，
Trinity.fasta の中にコードされたアミノ酸配列を予測，抽出することが
できる。それだけでなく，同じく Trinity に付属の **align_and_estimate_
abundance.pl** というスクリプトを利用すると，kallisto や salmon を使っ
た各転写産物（transcript）の発現値まで見積もることが可能である。

Transdecoder のインストー
ルと実行方法については，『生命科
学者のためのDr. Bonoデータ解析
実践道場』p.139参照

kallisto と salmon は，
p.179参照

4.2 数値データ解析

階層クラスタリング

階層クラスタリングとは？

　階層クラスタリング（hierarchical clustering）は，昔から使われてきた統計解析手法である。特に生命科学データ解析においては，それぞれの類似性にもとづいたデンドログラム（樹形図）や，特に遺伝子間の進化的距離による分子系統樹という形で利用されてきた（図4.7）。

　大量の遺伝子の発現を一度に測定できるマイクロアレイの登場によって，トランスクリプトームデータを得るのが可能になった。1998年に Stanford 大学の Michael Eisen ら（当時）は，出芽酵母を用いて79種類の実験条件における cDNA マイクロアレイデータを得て，それを階層クラスタリングによって解析し，論文発表した。階層クラスタリングにより，さまざまな実験条件において，遺伝子発現の挙動が似ている遺伝子群が明らかになった[16]。この研究がきっかけとなって，遺伝子発現解析で階層クラスタリングが頻繁に使われるようになった。その後の遺伝子発現解析の詳細については，第5章の遺伝子発現解析のセクションを参照してほしい。

　ここでは，単なる遺伝子発現解析技術としての階層クラスタリングだけではなく，多くのオミックス解析に応用できる基本データ解析技術として，階層クラスタリングを紹介する。

16) Eisen MB et al., *Proc. Natl. Acad. Sci. USA*. 95, 14863 (1998)
https://www.pnas.org/content/95/25/14863.long

図4.7　階層クラスタリングの概念図　データからノード間の距離を測定し，距離行列を作成する。そこから階層クラスタリングの計算を繰り返し，最終的に樹形図で可視化する。

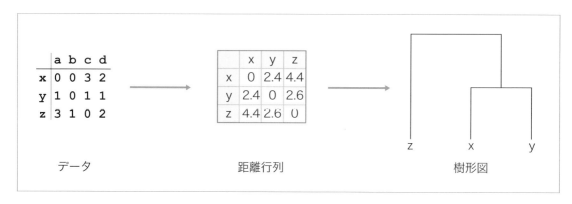

階層クラスタリングの計算方法

　まず，すべてのノード（例えば，遺伝子）間の距離を計算する。このための測定手法は多数存在し，分子系統樹では変異の数，パーセント一致度や配列類似性であり，遺伝子発現では相関係数やユークリッド距離というようになる。相関係数とは相関の程度を表す尺度で，−1〜1までの値をとる。1は正相関，0は無相関，−1は逆相関となる。またユークリッド距離とは，いわゆる物理的な空間での「距離」と同じで，それぞれの要素の差の二乗の和の平方根となる。

　次に，一番近いノード同士を結合し，1つのクラスターとする。そして，そのクラスターと他のノードの距離を計算するのだが，ここでその距離をどう決めるかでいくつかの流儀がある。

1　最短距離法：クラスター内のノードの中で，最も近い距離をもつ2つのノード間の距離をクラスター間の距離とする方法。single linkage clustering とも呼ばれる。クラスター間距離の定義が緩いため，巨大なかたまりが形成されがちな方法である。

2　最長距離法：クラスター内のノードの中で，最も遠い距離をもつ2つのノード間の距離をクラスター間の距離とする方法。complete linkage clustering とも呼ばれる。クラスター間距離の定義が厳しいため，最短距離法とは逆にサイズが小さなかたまりが多数できる傾向がある。

3　群平均法：クラスター内のノード間の距離の平均値をクラスター間の距離とする方法。average linkage clustering と呼ばれる。最短距離法と最長距離法の間の方法で，特定のノードに重みをつけない平均距離法（UPGMA：Unweighted Pair Group Method with Arithmetic mean の頭文字）がよく用いられる。

4　ウォード法：この方法は，上記の3つとはクラスターの形成方法から違っており，クラスター内のノードの距離の平方和を考える。クラスターを結合することによってその平方和は増えるわけだが，その増分が最も小さいクラスターと結合していくという方法。

　このような方法のいずれかを用いて，クラスターの結合を繰り返していき，最終的に1つのクラスターになるまで実行する。最後に，このようにして計算したクラスターの結合の結果を樹形図で可視化する。

階層クラスタリングの実装と可視化

　各ノード間の距離が何らかの方法で計算可能であれば，階層クラスタリングが可能である。目的別にそれぞれプログラムが開発されてきている。

 統合TV
「MEGAを使って配列のアラインメント・系統解析を行う」
https://doi.org/10.7875/togotv.2017.106

　系統樹作成には，GUIをもつソフトウェアのMEGA（Molecular Evolutionary Genetics Analysis）がよく用いられている（⏵参照）。

　遺伝子発現解析では，かつてはStanford大学で開発されたXClusterやTreeViewがアカデミックフリーのソフトとして使われ，有償のマイクロアレイデータ解析ソフトウェアとしてGeneSpringが使われてきた。現在は，GeneSpringはAgilent Technologiesにより販売されており，動画でのチュートリアルはGeneSpringTVとして公開されている（https://www.youtube.com/user/GeneSpringTV）。

　また，これらの分野に特化しない汎用のものとして，R言語を使う方法がある（コラム「Rとは？」参照）。R言語のBioconductorで利用可能となっているソフトウェア・パッケージを利用することも多い。それというのも，新しい解析手法などが開発された際に，そのコードがR言語で提供されていることが増えてきたからである。

？ 何て呼んだらいいの
R言語
アールげんごと呼ぶ

コラム

Rとは？

　R言語は，オープンソース・フリーソフトウェアの統計解析向けのプログラミング言語およびその開発実行環境である。そのシンプルすぎる名前ゆえ，初期の頃は，情報がほしくてもインターネット検索がむずかしかったが，現在はコンテンツがインターネット上に増え，大幅に改善されている。
　Rの使い方としては，すでに用意されている関数を上手に使って目的のデータ解析をすればよく，すべて一からプログラミングする必要はない。例えば，階層クラスタリングの場合，**hclust**という関数がすでにあることを知っていれば，それが受けつける形で入力データを用意し，出力結果を得ればよいということになる。例えば，以下のようにする。

```
png("hclust.png") # 出力する画像のファイル名を指定
d <- read.table('matrix.txt') # データを読み込み（スペース区
切り）
c <- hclust(as.dist(d), method = 'average') #UPGMA 法
で階層的クラスタリングを実行
plot(c, hang=-1) # 結果をプロット
dev.off() # 画像を完成させるおまじない。忘れずに！
```

 は，その行が続くという意味

この5行のコードで階層クラスタリングは実行できる。#記号以降はコメントなので，実際にプログラムを入力する際には，あってもなくてもよい。このコードの2行目で読み込んでいる**matrix.txt**というファイルの中身は，以下に示したようにスペース区切りのテキストである。

```
  a b c d
x 0 0 3 2
y 1 0 1 1
z 3 1 0 2
```

　Rには，上述のような標準関数以外にも，その機能を拡張する関数群が有志により多数作成されている。Rのソフトウェア・パッケージとは，それらの関数を束ねて配布しているものだが，公開しているサイトとしてはCRANがある。CRANからは，Rの拡張機能や可視化，統計解析の手法などが公開されており，**install.packages**関数でそれらはインストールできる。

> **？ 何て呼んだらいいの**
> **CRAN**
> クラン，またはシーランと呼ぶ

```
install.packages("gglot2")
```

　BioConductorとは，バイオインフォマティクスに特化した解析手法や，ハイスループットなオミックスデータの解析と理解のためのツールを提供しているプロジェクトで，R言語を用いたオープンソースによりオープンな開発を行っている。R言語中から BioConductorにある**affy**ライブラリをインストールし，呼び出すには，以下のようにする。

```
if (!requireNamespace("BiocManager", quietly = TRUE))
    install.packages("BiocManager")
BiocManager::install(version = "3.12")
#Bioconductor を使うときの呪文
biocLite("affy") #affy ライブラリをインストール
library(affy) #affy ライブラリを召喚（呼び出す）
```

　詳しくは，統合TVの以下の講習会資料を参照（▶参照），また，Rの統合開発環境であるRstudio は個人で使うぐらいなら無料なので，活用しない手はない（▶参照）。

> ▶ 統合 TV
> 「R/Bioconductorを使った遺伝子発現解析入門@AJACS津軽」
> https://doi.org/10.7875/togotv.2015.112
> 「RStudioでRを直感的に使おうMacOS版 2017」
> https://doi.org/10.7875/togotv.2017.043

それって何だっけ

Business Intelligence
主に企業が保持する膨大な量のデータを分析，活用をして経営戦略や意思決定に役立てるためのソフトウェア。

統合TV
「Spotfire Cloudの使い方」
https://doi.org/10.7875/
togotv.2017.036

　Business Intelligence（BI）ソフトウェアで階層クラスタリングの機能をもつものも多く，特にTIBCO Spotfireは2000年代前半からマイクロアレイデータの可視化に利用されてきた（図4.8）。2016年秋ごろよりTIBCO Spotfireは，学術研究目的には無償で利用可能となっており，実際にSpotfire Cloudを使った配列データの可視化が論文の図として使われている（https://doi.org/10.1186/s12864-016-3455-y）（▶参照）。

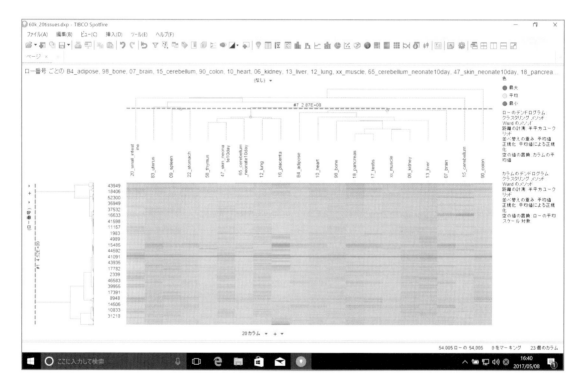

図4.8　階層クラスタリングの可視化の実例　Genome Res. 2003. 13: 1318-1323 https://doi.org/10.1101/gr.1075103で発表されたマウス20組織でのcDNAマイクロアレイ（57,931 clones）の結果をTIBCO Spotfireで可視化した。この程度の大きさの階層クラスタリングであっても2020年現在，4 Gbyteメモリー Windows10仮想環境で数分で可能となっている。

主成分分析

　主成分分析（PCA：Principal Component Analysis）は，古くから使われてきた統計解析手法である。多次元のデータを低次元に圧縮する解析で，データが一度にたくさん得られるようになった現代，さまざまな種類の生命科学データ解析で使われる機会が増えてきている。PubMed 中の略語としての PCA の出現回数もうなぎのぼりに増え，1 年あたり 1000 回を超えるようになっている（https://allie.dbcls.jp/pair/PCA;principal+component+analysis.html）。したがって，その出力結果の図を読み取る機会も多いだろう。

　生命科学系のデータ解析においては，第 1 主成分を x 軸に，第 2 主成分を y 軸に，二次元でプロットすることが多い。第 3 主成分を z 軸にとって三次元でプロットすることもあるが，これは，なかなか把握しづらいことが多い。主成分分析は，多次元のベクトルの次元を減らして，少数の主成分を用いて情報をできるだけ表現することがねらいなので，より少ない因子で説明できた方がよりよいわけである。そこで，各主成分の寄与率（Proportion of Variance）という指標が計算され，寄与率を累積したものが累積寄与率（Cumulative Proportion of Variance）という。

　R 言語の標準関数 **prcomp** を使えば，簡単に主成分分析が可能である。以下にその例を示す。

```
data <- read.table("RMA.txt", header=TRUE, row.names=1, sep="\t", quote="")
# タブ区切りのデータを読み込み
data.pca <- prcomp(t(data)) # 主成分分析を実行
summary(data.pca) # 寄与率を見る
names(data.pca) # 名前を得る
data.pca.sample <- t(data) %*% data.pca$rotation[,1:2] # 行列を転置
plot(data.pca.sample, main="PCA") #PCA の結果をプロット
text(data.pca.sample, colnames(data), col=c(rep("red", 3), rep("blue",3),
rep("green",3),rep("black",3))) # ラベルをつけて，色づけ
```

この例を使って，寄与率，累積寄与率の説明をすると

```
Importance of components%s:
                              PC1       PC2       PC3       PC4       PC5
Standard deviation        81.4563   72.8764   37.56790   26.09569   20.08711
Proportion of Variance     0.4321    0.3458    0.09191    0.04435    0.02628
Cumulative Proportion      0.4321    0.7779    0.86985    0.91419    0.94047
```

これは計算したときに表示される3行目 summary（data.pca）の出力結果だが，PC1（第1主成分）の寄与率が 0.4321（43.21%），PC2（第2主成分）が 0.3458（34.58%）で，PC2 までの累積寄与率は 0.7779（77.79%）となる。また図 4.9 のような図がプロットとして出力される。

　もちろん，この R の標準関数以外にも複数の主成分分析を実装したパッケージがあり，ここで示した関数を使わないとできないというわけではない。いろいろ試して，気に入ったものを使えばそれでよいのである。

図4.9　PCAの可視化例
RMA.txtというファイルを読み込んで，PCAを実行すると，**Rplots.pdf**というファイルとしてレポートが出力される。詳しくは，●「R/Bioconductorを使った遺伝子発現解析入門@AJACS津軽」https://doi.org/10.7875/togotv.2015.112を参照。

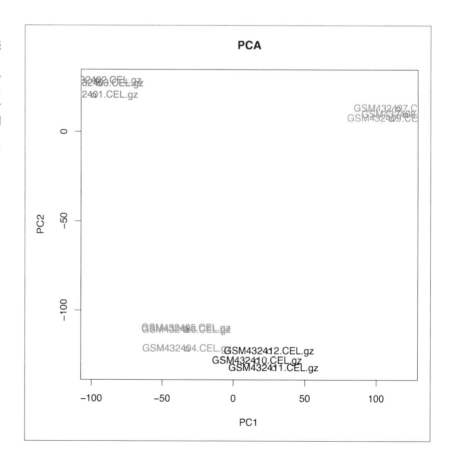

t-SNE

　t-SNE は，t-Distributed Stochastic Neighbor Embedding の頭文字で，ティースニーと読む。主成分分析と同様に次元圧縮の手法で，特に可視化に用いることが意図されており，大域的な構造も保った可視化ができる。PCA に比べてデータの局所的な構造をうまく捉えることができ，遺伝子発現解析で使われるようになっている。特に，シングルセル RNAseq 解析 (scRNAseq) の論文でよく採用されている可視化法である（参照）。

　ただし最近は，t-SNE よりも実行が速く大域的な構造を保つことのできる Uniform Manifold Approximation and Projection（UMAP）が使われるようになってきている。

　　https://pair-code.github.io/understanding-umap/

 統合 TV
「シングルセル解析データベース
SCPortalen を使ってメタデータと
遺伝子発現データを入手する」
https://doi.org/10.7875/
togotv.2020.048
「Tabula Muris を使ってマウスシ
ングルセル解析のデータから細胞
集団のマーカー遺伝子を評価する」
https://doi.org/10.7875/
togotv.2020.017

5 実用データ解析

　ゲノムの配列がわかっただけでは，遺伝子がどのように働いているのかはわからない。1つ1つの遺伝子を対象に機能を同定していくには限りがある。そこで，ここに示す実用データ解析の出番となる。それにより，転写因子といった遺伝子機能のカテゴリーが予測できたり，どの生物学的経路で働いているのかといったことが推測できるようになるのである。これは，ウェットの実験の入り口としても有用だ。この第5章では，第4章で取りあげた基本データ解析にもとづいた実用的なデータ解析を解説する。まず最初に遺伝子機能情報がどのように得られてきたかを解説したうえで，遺伝子機能アノテーションの重要性について述べる。次に，マイクロアレイによる遺伝子発現データ解析と，次世代シークエンサー（NGS）を使った RNA-seq によるデータ解析を解説する。そして，NGS による遺伝子多型解析，エピゲノム解析，メタゲノム解析のデータ解析の概要を述べ，最後に，それら各オミックス階層をまとめる統合解析について，手法を概説する。

5.1　遺伝子機能データ解析

　遺伝子の機能をコンピュータ上のデータ解析で知ろうなどといったら，ふだん実験を行っている生命科学者から失笑されるかもしれないが，遺伝子構造（アミノ酸配列やタンパク質の立体構造）からその機能を予測することは古くから行われてきた。また，アミノ酸の配列情報から遺伝子の機能を予測することも広く行われてきた。それを遺伝子機能予測と呼ぶ。ヒトやマウスといった生物では，既知のタンパク質コード遺伝子に対してすでに遺伝子機能予測が行われ，データベース（DB）に記述されている。そういった生物を

対象にした解析においては，みずから遺伝子機能予測をするということはないだろうが，どうやって遺伝子の機能が予測されているかは，その情報を利用する以上，知っておく必要がある。

遺伝子機能予測

　同一遺伝子に起源をもつと考えられる遺伝子群のことをホモログ（homolog）と呼び，この遺伝子群の遺伝子には互いに配列相同性がある，という（相同性と類似性という用語の違いには注意をすること。p.140のコラム「なぜ相同性じゃなくて類似性か？」参照）。**ホモログは，遺伝子構造が互いに似ており，似た機能をもつ**ことが多い。そこで，

遺伝子1は遺伝子2と相同である ＋ 遺伝子2は機能Fをもつ
→ 遺伝子1は機能Fをもつ

と推論できる。この理屈を利用して遺伝子機能を推定しようという試みがなされてきた。

　遺伝子構造情報からの遺伝子機能予測は，ゲノム配列情報が利用可能となる以前から行われてきており，データ解析の重要な一分野となっている。現在でも，遺伝子構造はわかったが機能がわからない遺伝子の機能を知りたいときに，配列相同性検索を行って，他のモデル生物で機能がわかっている相同な遺伝子があるかどうかを探すということが行われている。そして，相同な遺伝子が推定できたら，その遺伝子の機能情報を参考にして，ウェットベンチの実験において，機能が未知の遺伝子の機能を同定するというわけである。

　遺伝子機能予測を行うためには，これまで明らかになった遺伝子配列とその機能がきちんとDB化され，利用できるようになっていることがきわめて重要である。

オーソログとパラログ

　ホモログは上述のように同一遺伝子に起源をもつと考えられていても，その機能はさまざまである。ホモログの中でも特別な存在なのがオーソログ（ortholog）というタイプで，「進化の過程における種分化によって生じた異

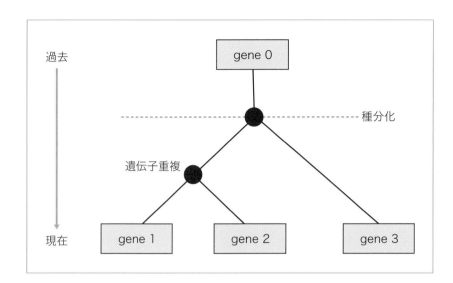

図5.1 オーソログとパラログ
遺伝子重複で生まれたgene 1
とgene 2はパラログと呼ばれ
る。進化の過程で種分化によっ
て生じた異なる生物に存在す
る相同な機能をもったgene 1
とgene 3はオーソログと呼ば
れる。遺伝子の機能によって
は，gene 2とgene 3がオーソ
ログとなることも考えられる。

なる生物に存在し，相同な機能をもつ遺伝子群」という定義になる。オーソ
ログは同じ機能をもつと考えられている。これに対して，パラログ（paralog）
と呼ばれるタイプは，「進化の過程で遺伝子重複によって生じた遺伝子群」と
いう定義になる。パラログは，一般に，類似性はあるのだが，機能や構造が
異なるタンパク質をコードする（図 5.1）。

　配列類似性検索によって遺伝子機能を予測しようとするときには，このオー
ソログを推定することが行われるのである。ある生物種 1 と別な生物種 2 の
ゲノムが解読され，これらの生物種のすべての遺伝子の配列情報が得られて
いるとする。生物種 1 のある遺伝子 A を質問配列として，生物種 2 のすべて
の遺伝子に対して配列類似性検索をした場合，ベストヒットしてくる生物
種 2 の遺伝子 P が，生物種 1 の遺伝子 A のオーソログであると推定される。
この推定結果をさらに強化するために，逆に，生物種 2 の遺伝子 P を質問配
列として，生物種 1 のすべての遺伝子に対して配列類似性検索をして，やは
り遺伝子 A がベストヒットとして検出されるかどうかを調べるという方法が
ある。これは，相互ベストヒット（reciprocal best hit あるいは bi-directional
best hit）と呼ばれ，オーソログの推定に有効な手段である（図 5.2）。

　局所的アラインメントの Smith-Waterman 法は数学的に厳密な方法であ
り，近似法でない。そのため，質問配列（クエリ：query）と DB を入れ替
えてこの方法を実行しても，同じアラインメントのスコアが得られる。一方，

図5.2 相互ベストヒット
破線で囲まれた部分が相互ベストヒットとなる。生物種1の遺伝子Cは生物種2の遺伝子Qのベストヒットになっているが，生物種1の遺伝子Bと生物種2の遺伝子Qは互いがベストヒットとなっているので，こちらが採用される。生物種1の遺伝子Aを質問配列として，生物種2のすべての遺伝子に対して配列類似性検索をした場合，遺伝子Pがベストヒットとなった。これを遺伝子Aから遺伝子Pへの矢印で表す。矢印の意味は以下同様。

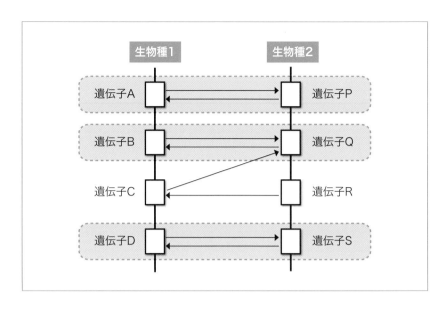

FASTA や BLAST は近似法であり，計算を速くするために数学的な厳密さを犠牲にしている。質問配列と DB を入れ替えると，スコアが異なる場合がある。ただし，単にベストヒットを計算するだけのときには，BLAST を使って計算することが多い。必要に応じて，BLAST 検索である程度候補を絞っておいて，それらに対してのみ Smith-Waterman 法でアラインメントスコアを計算するという方法がとられる。

 Smith-Waterman法は，
p.129参照

　ただし，生物種2に遺伝子Pとよく似た遺伝子が複数あると，単なる相互ベストヒットでは検出できない可能性も考えられる。そういった問題点をクリアするためのオーソログ検索の計算方法の研究が進んだ。そして，オーソログの探索が進展し，オーソログの DB も作成されるようになった。InParanoid（http://inparanoid.sbc.su.se/）などがそうだ（⏵参照）。互いにオーソログの関係にある遺伝子群のことを「オーソログクラスター」と呼ぶ。

統合 TV

「オーソログDB Inparanoidの使い方」
https://doi.org/10.7875/togotv.2012.059

　生物種が遠ざかると，この配列類似性によるオーソログの検出法が必ずしも正しくなくなるので注意が必要だ。例えば，p53 遺伝子と，その線虫 *C. elegans* のオーソログとして知られる遺伝子 cep-1（**NM_001026307**）のアミノ酸配列の類似性を比べると，線虫の遺伝子の中でヒト p53 と最も配列類似性が高い遺伝子ではない，ということがわかる。ちなみに，Uniprot でヒトのTP53（**P53_HUMAN** https://www.uniprot.org/uniprot/P04637）

📙 byobuに関しては，『生命科学者のためのDr. Bonoデータ解析実践道場』のp.62に使い方が詳しく解説されている。

コラム
テキストベースのウィンドウマネージャの利用

コマンドラインでのデータ処理は，すぐに終わらないものもある。例えば上記のALL対ALLのBLASTによるDB検索などを行うと，たとえCPUが速くなり，利用可能なスレッドが多くなっていたとしても，その日の仕事時間中には終わらない。解析すべきデータ量が多い昨今のこと，特にその傾向が強い。そういう場合に役立つのが，**byobu**コマンドだ。時間のかかる処理をリモートからも操作できるようになるのだ。BiocondaやHomebrewで簡単に導入でき，使い方も簡単。まずは**byobu**を起動するサーバーで

```
% byobu
```

と打って起動。初期設定がちょっとあるものの，設定が終わるとコマンドプロンプトが出てくるので普通にUNIXコマンドラインを使えばよい。

Terminalを終了するときにdetachというコマンドを入力してみよう。そのTerminalで動かしておいたコマンドが，動き続けるようになるのだ。そして，再びTerminalを開いたときに（もしくは，リモートから**ssh**でログインしたときに），**byobu**と打つと，前にdetachしたセッションがattachされ，続きが可能になる。

実はこの**byobu**は，「テキストウィンドウマネージャー」や「シェルマルチプレクサー」といったツールである**tmux**や**screen**を，初心者でも簡単に使えるようにしたラッパープログラムということになっている。が，単に初心者向けというわけではない。かつては，著者も**screen**コマンドを用いて，そういった長くかかる処理をリモートからでも監視したり操作したりしてきたのだが，操作の簡便さから**byobu**に乗り換えて，今では**byobu**を日々利用している。処理時間の長いプログラムを扱う生命科学データ解析には大変便利なコマンドなので，ぜひ使えるようになってもらいたい。

❓ **それって何だっけ**

ラッパープログラム
元のプログラムを内包させて，そのプログラムを使いやすくしたりするプログラムのこと。

からBLASTのリンクをたどることで，*C. elegans* のすべてのタンパク質コード遺伝子に対してBLASTP検索すると，最も配列類似性が高いのはC45B11.2という遺伝子である。

また，NCBIでは配列相同性のある遺伝子グループをまとめたHomoloGeneというDBを公開しており（https://www.ncbi.nlm.nih.gov/homologene/），特定の遺伝子ファミリーに関して，その保存性を見るのに有用である。

⇨ HomoloGeneは，p.37参照

コラム

ヒト遺伝子の表記法

遺伝子名の表記法にはそれぞれの生物種でルールが決められている。例えば，ヒト遺伝子はすべて大文字で表記することになっている。また，マウスの場合は，先頭の文字だけが大文字で，残りは小文字とするのが慣例となっている。

- ●ヒト　　　TP53, SOD1, HIF1A
- ●マウス　　Trp53, Sod1, Hif1a

マウスの遺伝子名は，基本的にヒト遺伝子と同じアルファベットで構成されている。ただし，TP53の例のように，そうなっていないものも一部あるので注意が必要だ。

遺伝子の表記方法を説明しているサイトとしては，例えば以下がある。

ヒト https://www.genenames.org/about/guidelines

マウスとラット http://www.informatics.jax.org/mgihome/nomen/gene.shtml

---

タンパク質モチーフ・ドメイン検索

タンパク質配列に存在する進化的に保存されたモチーフやドメインを検索するデータ解析の手法も，さかんに研究されてきた（第2章の「タンパク質データベース」参照）。単なる配列類似性検索では検出できないが，機能的に保存された領域をもつアミノ酸配列を見いだす需要があるからだ。

1) Gribskov M et al., *Proc Natl Acad Sci USA*., 84, 4355 (1987)

Gribskov らによるプロファイル法の報告[1] 以来，さまざまな方法が考案されてきた。その結果，作成した多重配列アラインメントをもとにして，位置特異的スコア行列（Position Specific Score Matrix：PSSM）を作成し，それを使ってアミノ酸配列 DB をスキャンし，さらにそのメンバーとなる配列を追加したり外したりして，再度多重配列アラインメントするというプロファイル検索のストラテジーがとられるようになった（図5.3）。

◁ PROSITE は，p.61 参照

◁ Pfam は p.62 参照

PSSM のデータは，タンパク質モチーフのものは主に PROSITE にある。また，各種タンパク質ファミリーに対する隠れマルコフモデル（HMM）によるプロファイルが，Pfam ですでに作成されており，さまざまなタンパク質ファミリーに対する網羅性やオープンアクセスな検索ツール（HMMER）が存在する。HMMER は BLAST と同じように，期待値（E-value）が計算され，閾

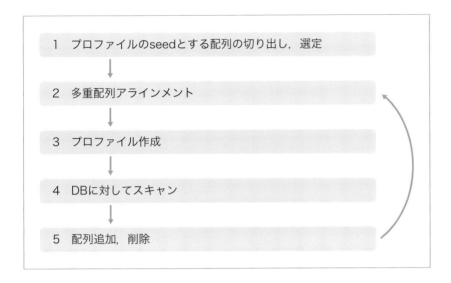

1　プロファイルのseedとする配列の切り出し，選定

2　多重配列アラインメント

3　プロファイル作成

4　DBに対してスキャン

5　配列追加，削除

図5.3　プロファイル検索の流れ　最近では，すでに各生物種から選ばれた配列相同性のある代表配列のセットが用意されていて，それが利用可能なことも多い（NCBI HomoloGeneなど）。またタンパク質ドメインのプロファイルが最初から利用可能なことも多い（Pfamなど）が，最新版のDBに対して作られていなかったり，必ずしも目的のデータ解析対象生物種向けでないこともある。したがって，そうしたプロファイルを使ってDBをスキャンしてみることをおすすめする。

値として利用できることなどから便利なので，実際には，Pfam と HMMER を組み合わせて利用することが多い（参照）。

また，ギャップ入り BLAST と同時に発表された PSI-BLAST という BLAST のバリエーションは（第1章参照），プロファイルの検索の方法を BLAST を繰り返し実行する形で自動化したものである（参照）。

プロファイル HMM が作成されているだけでなく，すでに DB に登録されているヒトやマウスのタンパク質配列に関しては，多くの場合前もって計算がなされ，UniProtKB にすでに記述されている（図5.4）。研究者は，アミノ酸配列からいちいち検索する必要はなく，その結果を検討すればいいだけの状態となっている。

ここまでタンパク質のモチーフ・ドメイン検索の手法について述べてきたが，最近の研究の広がりについて少しふれよう。かつての研究の進め方というのは，特定のタンパク質（例えば P450 ファミリー）について，特定の生物種で，そのファミリーのタンパク質群に関して研究するというやり方だった。ところがゲノム配列が解読されたことで，コードされている遺伝子がすべて予測でき，そこから翻訳されて作られる可能性のある（候補）タンパク質配列すべてに研究対象が広がった（図5.5）。その結果，特定の機能を担う遺伝子を網羅的に研究できるようになった。また，機能は不明だが複数の生物種で保存されているタンパク質ファミリーというものが見つかるように

？　何て呼んだらいいの

HMMER
ハマーと呼ぶ

統合TV
「Pfamを使ってタンパク質のドメインを調べる2017」
https://doi.org/10.7875/togotv.2017.125

統合TV
「PSI-BLASTを使って，タンパク質の遠い系統的関連性を発見する2017」
https://doi.org/10.7875/togotv.2017.047

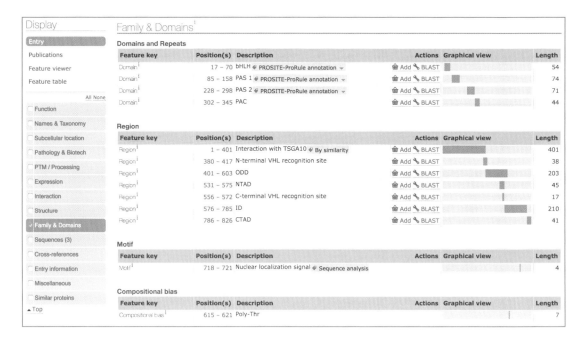

図5.4 UniProtのFamily &Domainsセクション
UniProtに登録されている配列は，すでにタンパク質ファミリーやドメインのアノテーションがなされており，各種DBに対して配列検索しなくても，結果を見ることができる。

なってきた。今後の課題は，それらの遺伝子の機能を解き明かしていくことである。

　第2章でも言及したタンパク質ファミリーの統合DB，InterProは，検索方法がそれぞれのDBごとに違っており，InterProの検索ツールであるinterproscanを実行できるようにするには一苦労である。しかし，interproscanに含まれているツールの1つである前述のHMMER（`http://`

図5.5 プロファイル検索の広がり ゲノム配列解読の結果，プロファイル検索の研究対象が広がった。まず，特定のタンパク質ドメインやモチーフをもつ遺伝子が，いろいろな生物種にわたって調べられるようになった（横軸の方向の研究）。また，特定の生物種におけるドメインやモチーフをもつタンパク質コード遺伝子について，その数のパターンも研究対象となってきている（縦軸の方向の研究）。

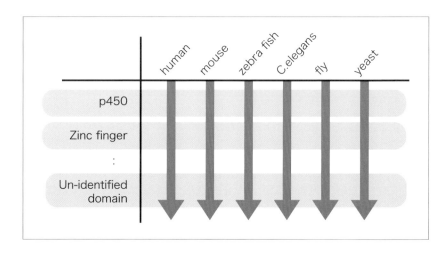

hmmer.org/）を使ったプロファイル HMM による検索方法は，インストールが Homebrew や Bioconda で簡単にできて，またそのプロファイルHMM の DB である Pfam（https://pfam.xfam.org/）が充実しているので，新規の候補アミノ酸配列セットが得られたときに，それに対してタンパク質モチーフを予測するのに有用である。

特定のプロファイル HMM をダウンロードしてきて，それを質問パターンとして DB を検索するのにかかるのは，ほんの数秒である。例えば，p450 のプロファイル HMM を Pfam の該当エントリ（https://pfam.xfam.org/family/PF00067#tabview=tab6）からダウンロードしてきて，multi-FASTA 形式のアミノ酸配列に対して検索するには，以下のコマンドでできる。

```
% hmmsearch p450.hmm hoge.mfa
```

出力は標準出力に出る。すでに計算されているヒトやマウスの遺伝子セット以外の配列 DB に対する検索でも，特に事前の準備も必要なく，クエリとなるプロファイル HMM さえあれば，同様に容易である。

ここで示したように遺伝子機能予測は，これまでの DB に含まれない機能未知の遺伝子であるという予測結果が出ることもあるが，それを含めて，可能である。それらの予測結果による知識も合わせて，遺伝子機能の DB を充実させていく必要がある。そこで，遺伝子機能アノテーションの出番となる。

遺伝子機能アノテーション

遺伝子機能アノテーションとは，遺伝子機能予測の発展型である。つまり，遺伝子機能予測結果を，その分野のプロがキュレーションしてお墨付きを与えたものである。その先駆け的なプロジェクトとして，マウス cDNA の機能アノテーションジャンボリーとして行われた FANTOM（Functional Annotation of Mouse）がある。初回の FANTOM1 では，まず会議の前半において，機能アノテーションをどのように行うべきかについて話し合いが行われた。後半には，それにもとづいて，21,076 個の cDNA 配列に対する遺伝子機能予測結果のキュレーションが人手で行われた（マニュアルキュレーションと呼ぶ）。2 回目の FANTOM2 においては，FANTOM1 の経験をもとに，より精錬された機能アノテーションパイプラインが議論の結果作成された

HMMER のインストールと使い方は，『生命科学者のためのDr. Bonoデータ解析実践道場』の「3.4 ドメイン解析」を参照

？ それって何だっけ
キュレーション（curation）情報やコンテンツを専門性にもとづく独自の価値基準で編集・整理すること。p.173 のコラム「データキュレーション」も参照

？ それって何だっけ
ジャンボリー（Jamboree）全国的に，もしくは国際的に行われるボーイスカウトのキャンプ大会のことで，それをふまえて，アノテーションを合宿形式で集中的に行う会議のことをこう呼んでいる。

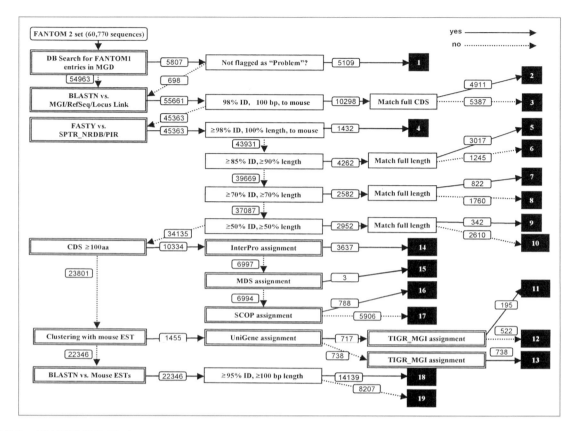

図5.6　FANTOM2のアノテーションパイプライン　黒地に白字の四角形が，cDNA配列に割り当てられたカテゴリー。矢印上の数字は，FANTOM2の60,770の配列に対して，いくつの配列がこの部分を通過したかを表している。Kasukawa T et al., *Genome Res.* 13, 1542 (2003) https://doi.org/10.1101/gr.992803より

（図 5.6）。それぞれの研究者の専門分野や確認作業が必要と考えられた遺伝子をマニュアルキュレーションした。

　機能アノテーションというものは，FANTOM の例で示したような作業を経てつけられており，最初から存在しているものではない。もちろん，研究者がアノテーションの結果を見て，その遺伝子の機能がどういったものかが理解できることが大前提として必要だが，だからといって，人間が読んでわかればよいわけではない。**コンピュータが理解できる形でなければならないのである**。すなわち，コンピュータが遺伝子機能情報を扱えるようにするための制限語彙（Controlled vocabulary）を使用することが重要なのである。それは，制限された用語集をあらかじめ作成して，それによって遺伝子機能を記述するということである（どうせ，人間はすべてのデータを読んでそれらをもれなく把握することなどできないのだから！）。これは，人間が記述することにより，曖昧な表現がいろいろと入ってくるのを防ぐ役割を果たしている。

　制限語彙を用いる手法は，酵素を記述する酵素番号（EC number）の仕組みで成功を収めていた。そして，それを拡張して，Gene Ontology（GO）が，Michael Ashburner らのモデル生物 DB 関係者などによって提唱された[2]。GO は，真核生物の遺伝子を記述するための制限語彙と，その分類分け（オントロジー）のことである。GO は，コンピュータで扱える形で遺伝子機能を記述する方法として，その後広く使われるようになっている（参照）。GO には，3 つのオントロジーがあり，それらは以下のとおりである。

2) Ashburner M et al., *Nat Genet.* 25, 25 (2000)

 統合 TV

「Gene Ontologyを使って特定遺伝子の機能情報を検索する 2011」
https://doi.org/10.7875/togotv.2011.125

- Biological Process：生物プロセス，例えば programmed cell death（`GO:0012501`）
- Molecular Function：分子機能，例えば transcription factor activity, transcription factor binding（`GO:0000989`）
- Cellular Component：細胞内構成要素，例えば nuclear part（`GO:0044428`）

　ここで，'programmed cell death' は，GO term と呼ばれ，主に人間向けの語彙のことである。それに対応する ID（`GO:0012501`）が GO ID で，コンピュータ向けの語彙である。Quick GO と呼ばれる GO のサイト（https://www.ebi.ac.uk/QuickGO）などから，GO term の階層構造を閲覧することが可能である（図 5.7）。

? 何て呼んだらいいの

GO
ゴーもしくは
ジーオーと呼ぶ
GO term
ゴータームと呼ぶ

　GO のようなしっかりしたオントロジーがないと遺伝子機能を記述できない。しかし，GO を活用するには，ただオントロジーがあるだけでは不十分だ。すなわち，**GO が，個々の遺伝子にきっちりとアノテーションされていなければならない**のだ。それに加えて，**遺伝子アノテーションを最新の研究に合わせて更新し，維持していくということも必要**だ。高速道路に例えると，前者のオントロジー構築が道路建設で，後者の遺伝子へのアノテーション維持が道路メンテナンスと考えていただけるとわかりやすいだろうか。

　ヒトやマウスでは，すでにきっちりとアノテーションが行われ，新しい遺伝子が報告された場合には，それらも取り込まれて維持されるようになっている。それが成し遂げられているのは，データキュレーションをしてくれている人たち（GO curator）がいるからだ。**アノテーションが，最初から存在しているわけでは決してない。**我々は，彼らが公開してくれているものをありがたく使わせてもらっているわけである。

図5.7　Gene ontologyの階層：programmed cell death（GO:0012501）の場合 'programmed cell death'の上の階層には'cell death'があり，その上には'cellular process'がある。最終的には'biological process'へとたどり着く有向非巡回グラフ（Directed acyclic graph：DAG）と呼ばれるグラフの構造をしている。
https://www.ebi.ac.uk/QuickGO/GTerm?id=GO:0012501#term=ancchart より

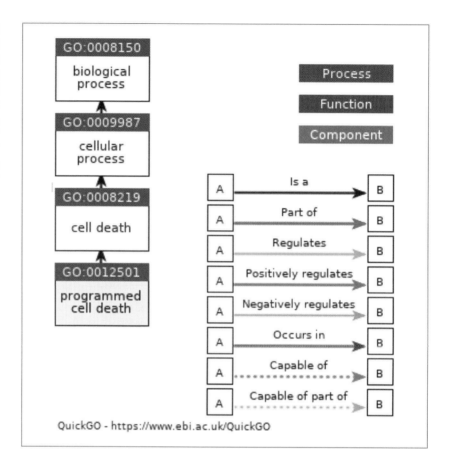

　GO は，マウス，ショウジョウバエ，酵母といったモデル生物 DB 関係者によって始められたため，真核生物の機能が中心となってしまっている。もちろんその後，すべての生物の機能が記述できるように，日々改良が続けられている。その結果，GO の仕組みを手本に，さまざまなオントロジーが作成され，公開され，活用されているという状況になっている（https://bioportal.bioontology.org/ontologies）。例えば，ヒトの表現型に関する Human Phenotype Ontology（HPO）は，国立研究開発法人日本医療研究開発機構（AMED）が主導する未診断疾患イニシアチブ Initiative on Rare and Undiagnosed Diseases（IRUD）ですでに活用されている。例えば，患者の症状を入力するだけで，関連する希少・難治性疾患の候補を，可能性が高い順に自動的にリストアップしてくれる医療者向け検索システムとして PubCaseFinder（https://pubcasefinder.dbcls.jp/）がある。この検索システムで HPO が活用されており，人間による入力の際の表記揺れを名寄せすることに用いられている。

コラム
データキュレーション

2016年末，キュレーションビジネスが社会問題になった。インターネット検索したときに目にふれやすいデータが，いい加減に管理されていたということが発覚したのだ。しかし，遺伝子に関するDBに関しても，データのキュレーションが自主管理であるという点は，問題になったビジネスと同様だ。

データのキュレーションは，公共施設の掃除と同じく，誰かがやってくれているわけで，多くの人々はそれをありがたく使わせてもらっている。このあたりを忘れがちだが，使う際には，DBを維持してくれている人たちに感謝すべきだろう。そして，DBの間違いなどを見つけたら，積極的にレポートしてほしい。

日本では，DBの間違いを指摘してくれる研究者は少ない。気づいても知らせずにいるのが現状ではなかろうか。DBの間違いは，誰かが知らずのうちに直してくれるわけではないのだ。かつてはそういうことがあったかもしれないが，現状はDBが巨大化しすぎて，そんなことは望むらくもない。そういう**誤りを見つけたら，その人がレポートして，みんなが正しいものを使えるようにしようではありませんか。**

遺伝子群の機能予測：エンリッチメント解析

遺伝子の機能解析が進むにつれて，遺伝子の研究方法にも変化が生じてきた。特定の遺伝子に関して深く調べるというそれまでの方法に加えて，複数の遺伝子群を研究対象とする研究が多くなった。特に，オミックス的な解析によって，特定の刺激で発現が変化する遺伝子群を解析するといった研究が増えてきた。その結果，**発現が変化した一群の遺伝子の機能の特徴をつかむ手法**が必要になり，遺伝子セットエンリッチメント解析（Gene Set Enrichment Analysis, 長いので，しばしば単にエンリッチメント解析と呼ぶ）という手法が注目され，利用されてきたのである。

わかりやすくするために例を示そう。例えば，発現変動のあった遺伝子として，200個の遺伝子リストを得たとする。その中に転写因子をコードする遺伝子（以下，簡略化して，単に転写因子と呼ぶことにする）が50個含まれていたとしたら，この200個のセットには，転写因子が有意に入っているといえるだろうか？ それを調べるのがエンリッチメント解析である。GOアノテーションによると，約2万個のタンパク質コード遺伝子のうち，約1,200個が転写因子であるとされる（http://amigo.geneontology.org/amigo/

何て呼んだらいいの
DAVID
デイビッドと呼ぶ

統合TV

「DAVIDを使ってマイクロアレイ
データを解析する 2012」
https://doi.org/10.7875/
togotv.2012.079

統合TV

「Metascapeを使って，遺伝子リ
ストの生物学的解釈をする」
https://doi.org/10.7875/
togotv.2016.135

term/GO:0008134より）。まったくランダムに遺伝子200個選んだとすると，その中には期待値として転写因子は12個ほどしか入っていないはずである。そこに，転写因子が50個もあったわけであるから，それはなんらかの意味があることだろう，と考えられる。このような解析を，GO以外にKEGGの特定のパスウェイに含まれる遺伝子セットなども含めて一度に調べるのが，エンリッチメント解析であり，それを行ってくれるのが，DAVID（https://david.ncifcrf.gov/）である（▶参照）。

DAVIDがエンリッチメント解析の定番として長らく使われてきたが，遺伝子アノテーションの更新が長い間行われていなかった時期もあった。その批判から，最近では，metascape（https://metascape.org/）も使われるようになってきている（図5.8）。metascapeは，最新の遺伝子アノテーションが利用可能なだけでなく，ウェブインターフェースが新しく，PDFやPowerPoint形式で結果ファイルをダウンロードできる機能などの充実といった点も便利である（▶参照）。

**図5.8　metascapeのエン
リッチメント解析実行結果**
公共DBからの低酸素トランス
クリプトームのメタ解析の結果，
低酸素ストレスで発現が上昇す
ることがわかった25遺伝子
（https://doi.org/10.3390/
biomedicines8010010 の
Table1）を対象にmetascape
でエンリッチメント解析を
行った結果。上は棒グラフ，下
は表，データは同じで，表現方
法が異なる。

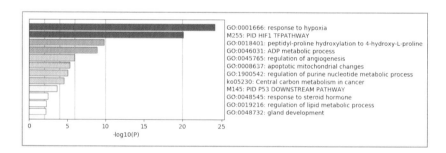

　このエンリッチメント解析を提供しているウェブツールには，上記のもの以外にも多数ある。例えば，ニュージーランドのオークランド大学バイオインフォマティクス研究所で運営されているフリーのエンリッチメント解析，GeneSetDB (https://genesetdb.auckland.ac.nz/) がある（図5.9）。

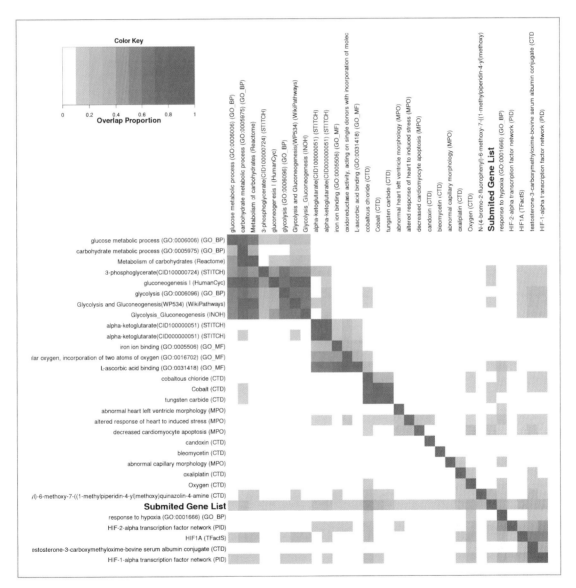

図5.9　GeneSetDBのエンリッチメント解析実行結果　図5.8のmetascapeのエンリッチメント解析と同じ遺伝子セットを用いて，GeneSetDBでエンリッチメント解析をした結果。入力した遺伝子セットは 'cobaltous chloride' や 'response to hypoxia' に関連が深いことが，図から読みとれる。それ以外に，関連の深い遺伝子セット間の関係がこの結果から一目で理解できる。

統合 TV

「GeneSetDB で遺伝子解析とエン
リッチメント解析を行う」
https://doi.org/10.7875/
togotv.2016.002

ヒト，マウス，ラットを対象にした Pathway，Disease/Phenotype，Drug/
Chemical，Genes Regulations，Gene Ontology の 5 つのサブクラスから
なる 26 種の DB で構成されており，既存の遺伝子セット解析ツールと比べ，
特に医学・薬学分野に関連した情報を解析対象にすることができるのが特長
である（▶参照）。

5.2　遺伝子発現解析

　マイクロアレイの発明により，一度に大量の遺伝子発現データが得られる
ようになった。このような実験は発現アレイと呼ばれる。そのために遺伝子
発現データ解析の必要性が生じてきた。現在はさらに，次世代シークエンサー
の開発により，transcriptome sequencing や RNA-seq と呼ばれる，発現
している RNA 配列を解読する実験手法がメジャーとなってきている。いず
れにせよ，大量データ解析が必要となっていることには違いない。

実験デザインをどう組むか

　発現アレイにしても RNA-seq にしても，1 つの遺伝子に対してかかる解
析の実験コストは下がっているものの，1 回の実験で数万個の遺伝子を対象
にするために，1 回の実験にかかるコストは高額だ。実験デザインをどう組
むかが，キーとなってくる。また，繰り返し実験に関しては，もちろんその
サンプルや実験の性質にも依存するが，下記が問われてくる。

- 単純にその実験を同じサンプルで何回繰り返したか（technical replica）
- 同じ実験条件で異なるサンプルで何回繰り返したか（biological replica）

　すでに技術として確立したマイクロアレイ実験の場合であっても，（マイク
ロアレイ実験だけで実験結果とするには），3 回は繰り返し実験することでそ
の質を担保することが行われている。さらに，蛍光色素（dye）の特性によ
るバイアスを考慮して，ラベル（標識）する dye を入れ替える dye swap と
呼ばれる実験も行われている。このようなことを考慮して，実験をデザイン
しなければならない。

？　何て呼んだらいいの
dye swap
ダイスワップと呼ぶ

　データ解析に関しては，普通は，コントロールとサンプル間の差分解析

（DEG：Differentially Expressed Genes）が基本である。サンプルとしては特定の刺激（例えば低酸素刺激や酸化ストレスなど）や，RNAi によるノックダウンなどさまざまだが，コントロールとサンプル間で比べたときに，どの遺伝子が発現変動したか（発現上昇した，もしくは発現下降した）を調べることになる。それ以外にも，さまざまな組織におけるデータや，時系列の測定データなど，複数のデータを解析することもよく行われている。

？ 何て呼んだらいいの
DEG
デグと呼ぶ

マイクロアレイか，RNA-seq か

マイクロアレイと RNA-seq のどっちがよいか？　よく尋ねられる質問なのだが，はっきりいって，個別問題であり，一般的な答えはない。多くの場合，今から新しく実験を立ち上げるのであれば，RNA-seq をすすめるが，かといってもうマイクロアレイは用済みかといえば，そんなことはない。カタログアレイに載っている遺伝子の発現値を測定するだけであれば，マイクロアレイでも十分である。これからデータを出す場合であっても，検体数が比較的多くなってくると，マイクロアレイでないとコスト的に見合わないことも十分考えられる。表 5.1 に，両者がどのようなデータ解析の作業やリソースに依存するかを比較して示した。

また，公共の遺伝子発現 DB に登録されるデータ数を実際に見てみると（2020 年 11 月現在），ここ数年，公表されてくるデータにおいて次世代シー

表5.1　データ解析におけるマイクロアレイとRNA-seqのメリットデメリット

	マイクロアレイ	RNA-seq
解析ソフト	+++	+++
遺伝子機能アノテーション	+++	+++
ゲノムアノテーション	−	++
ゲノム配列	−	++
コマンドライン操作	+	+++
計算機パワー	+	+++

プラス記号は，その作業に強く依存していることを示している。マイナス記号は，その作業が不要なことを示している。データを解析するソフトや遺伝子の機能に関するアノテーションが必要なのはどちらも同じだ。ゲノムアノテーションとゲノム配列をもっていなくても，マイクロアレイでは解析可能だが，RNA-seqでは必須となる。RNA-seqで最も重大なのは，**コマンドラインによるデータ操作と計算機のパワーがネックになる**，ということである。

クエンサーによるデータがマイクロアレイによるデータを上回ってきたものの，これまでに登録されているデータ総数ではまだマイクロアレイによるもののほうが多い（図5.10）。再利用という観点においても，次世代シークエンサーによるデータがメジャーになりつつあるということである。

まとめると，どの手法を使うか，というのはそのときの目的や予算状況，実験やデータ解析可能な人材の存在，によって異なってくるのである。マイクロアレイは技術としては旧式であるがゆえに，いい意味で枯れている。したがって，データの解釈手段もすでに確立しており，必要なデータの粒度によってはそれで十分なこともあろう。実験コスト（価格，手間）を見積もって総合的に判断すべきなのである。

Dr. Bono から

「**枯れている**」はコンピュータ業界の用語で，成熟した技術であることを意味する。

発現アレイデータ解析

マイクロアレイを使った発現アレイデータ解析は，かつての競合ハイブリダイゼーションを利用した2色蛍光のものから，単色蛍光のものが主流となっている。データの正規化（normalization）に関しては，さまざまな方法が提唱されてきたが，2020年現在では，Affymetrix（GeneChip）は Robust Multi-array Average（RMA），Agilent は quantile normalization が用いら

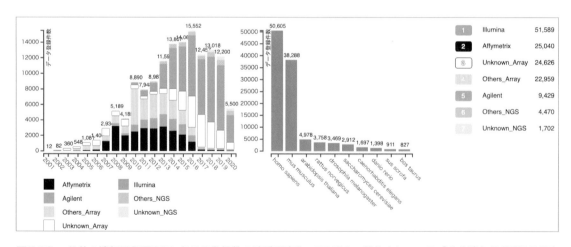

図5.10　公共の遺伝子発現DBにおける登録数の時系列変化　DBCLSで維持されている「公共遺伝子発現DB目次 AOE（All of gene expression）」によって，公共遺伝子発現データの可視化が行える（https://aoe.dbcls.jp/）。年ごとの登録数がヒストグラムになっている。この図では，黒系の色がマイクロアレイ，緑系の色が次世代シークエンサーによるデータを示す。2016年に登録されたデータ数についてはこの両者が同じぐらいになっているものの，これまでに蓄積されたデータ数では，まだ現在のところマイクロアレイが多い。右のグラフは生物種別登録数。

れることが多い。例えば，GeneChip の生データである CEL ファイルを集め
たディレクトリで，以下の R のコードを実行することで，RMA による正規
化が実行され，**RMA.txt** という名前のファイルに結果が生成される。

は，その行が続くという意味

```
if (!requireNamespace("BiocManager", quietly = TRUE))
     install.packages("BiocManager")
BiocManager::install(version = "3.12") #Bioconductor を使うときの呪文
biocLite("affy") #affy ライブラリをインストール
library(affy) #affy ライブラリを召喚
write.exprs(justRMA(), file="RMA.txt") #justRMA を実行，RMA.txt とい
うファイルに出力
```

実際に正規化を行っているのは 6 行目だけで，5 行目までは第 4 章の階層ク
ラスタリングの項で説明した，Bioconductor の **affy** ライブラリのインス
トールとその召喚である。

RNA-seq データ解析

　RNA-seq データ解析の詳細な手順は，『次世代シークエンサー DRY 解析
教本 改訂第 2 版』の「0 から始める発現解析 ver2」に詳しく書かれている
ので，それを参考にするとよい。なかでも「再現・検証編：ゲノム解析は，
奥深い謎解きゲーム！？」には，これまで mac に触ったことのなかった人が
RNA-seq データ解析を行う過程が記述されている。**やる気を起こせば，初
心者でも，そこに掲載されているデータ解析を一通り最後までやり遂げられ
るはずである。**そこでは，ENCODE プロジェクトでも用いられている
(https://www.encodeproject.org/software/rsem/)，STAR（Spliced
Transcripts Alignment to a Reference, https://github.com/
alexdobin/STAR/）と RSEM（RNA-Seq by Expectation-Maximization）
によるデータ解析が紹介されているので，ここではそれ以外の解析手法を紹
介する。

　TopHat の計算が非常に時間がかかることから，transcript レベルで
RNA-seq データを定量する alignment-free な方法が提唱され，実際に使わ
れている。現在，reference transcript と RNA-seq の配列データから直接
isoform の量を見積もる Salmon（https://combine-lab.github.io/
salmon/）や，kallisto（https://pachterlab.github.io/kallisto/）といっ

❓ 何て呼んだらいいの

RSEM
アールセムと呼ぶ

❓ それって何だっけ

TopHat
TopHat は，かつて RNA-Seq 解
析で定番として使われたスプラ
イシングを考慮したアライナー
である。その後，Cufflinks とい
うプログラムでその結果をアセ
ンブルし，発現定量，差分解析
を行うことがよく行われた。

たソフトウェアが開発され，利用されている。第4章の「転写配列のアッセンブル」の項で紹介した Trinity でアッセンブルした転写単位の発現値の計算において，この salmon や kallisto をオプションで選択できるようになっている。

salmonを使ったRNA-Seqデータ発現解析の手順に関しては『生命科学者のためのDr. Bonoデータ解析実践道場』の「3.5 発現定量解析」を参照

また，Bowtie や TopHat，Cufflinks を開発してきた Johns Hopkins University のグループにより，高速な HISAT2（https://daehwankimlab.github.io/hisat2/）とStringTie（https://ccb.jhu.edu/software/stringtie/）と呼ばれる後継ソフトウェアが開発されており，TopHat＋Cufflinks に比べて，非常に高速に RNA-seq 配列データ解析が可能となっている。

何て呼んだらいいの
HISAT2
ハイサットツーと呼ぶ

有償ソフトウェアの CLC Genomics Workbench による RNA-seq 計算手法も RSEM（RNA-Seq by Expectation-Maximization）というコマンドラインソフトウェアと同じ方法によるものとなっているとのことで，どうしても GUI でなければならない場合には，こちらを使うとよい（参照）。

統合TV
「次世代シークエンサー DRY解析教本による遺伝子発現解析〜CLCbioでRNA-seq〜@AJACSa三島2」
https://doi.org/10.7875/togotv.2016.051

RNA-seq による正規化された遺伝子発現量としては，ゲノムにマップされたリード数を 100 万となるように正規化し，さらに遺伝子の長さを 1000 塩基としたときのマップされたリード数として RPKM（Reads Per Kilo-base Million mapped reads の略）が，まず最初に提唱された。また，これと似た指標として，FPKM（Fragment Per Kilo-base of exon per Million fragments mapped）もある。FPKM は，ペアエンドシークエンスを考慮に入れた遺伝子発現量である。そして最近では，TPM（Transcripts Per Million）が一般的となっている。転写産物の長さを 1000 塩基としたときのマップされたリード数をまず計算し，その後全体のリード数を 100 万として正規化する発現量である。それぞれのサンプルごとの TPM 値の合計が同じになので，比較するという目的のためには，こちらのほうが都合がよい（https://www.rna-seqblog.com/rpkm-fpkm-and-tpm-clearly-explained/）。

何て呼んだらいいの
RPKM
アールピーケーエムと呼ぶ
FPKM
エフピーケーエムと呼ぶ
TPM
ティーピーエムと呼ぶ

データ解析の流れ

得られた発現値を使って行う解析の流れは，発現アレイでもRNA-seqでも，基本的に同じである。ただ，マイクロアレイの場合はスキャナーでの蛍光強

度を検出するためにバックグラウンドがあるのに対して，RNA-seq では発現がなかったときにはきっちり 0（ゼロ）という値が出てくる，という違いがある＊。図 5.11 に，実際の研究例をもとにデータ解析の流れを示す。

＊

そのため，RNA-seq からの発現定量値は，そのまま対数を取ると−∞になってしまうことを避ける目的で，一律に 1 や 0.01 などを足してから対数をとるという操作が行われることが多い

　発現データの解析には，**遺伝子方向とサンプル方向の 2 通り**がある。遺伝子方向の場合は，発現変化があった遺伝子群を抽出し，それらをエンリッチメント解析にかけ，それらの遺伝子群の特徴を検討する。図 5.11 の左の例では，エンリッチメント解析の結果，cellular response to hypoxia や HIF-1 signaling pathway に関係する遺伝子が多く含まれることが判明したので，解糖系（glycolysis）のパスウェイを構成する酵素遺伝子群を抽出し，それらの発現変化を棒グラフにして可視化している[3]。

3) https://doi.org/10.1038/s41598-017-03980-7

それって何だっけ

MA, DFAT, iPS
MA, DFAT, iPS は，それぞれ Mature Adipocyte, Dedifferentiated FAT, induced pluripotent stem の略

　また，サンプル方向のデータ解析では，繰り返し実験を含めたデータセットをサンプルに関する先見的な知識なしに分類したときに，生物学的な知識と一致するかどうかの検討を行う。具体的には，階層クラスタリングの結果が妥当かどうかということである。図 5.11 の右の例では，3 回の繰り返し実験が 3 セットずつ（MA, DFAT, iPS）あり，それらごとに固まってクラスターが形成されており，DFAT は MA よりも iPS に近いということが階層クラスタリングの結果から見てとれる[4]。

4) https://doi.org/10.1016/j.bbrc.2011.03.063

　以前は，遺伝子方向の解析において，階層クラスタリングを行うのが流行りだったが，現在では下火になっている。なぜなら，1 つの遺伝子には複数の転写単位が存在し，それぞれに発現値をとるという概念が研究者の間に行きわたった結果，数十万にも及ぶ転写単位をクラスタリングすることが技術的にも困難であることが認識されたからである。ただし，全体を階層クラスタリングするデータ解析は下火だが，階層クラスタリングで表示するメンバーを絞ってデータを見せる手法としては，現在も頻繁に使われている。また，サンプル方向の解析で階層クラスタリングした結果は，サンプル数が非常に多くならない限り，現実的な方法であり，よく使われている（図 5.11 右下）。サンプル数が多い場合には，サンプル方向の解析として第 4 章で説明した主成分分析が用いられることが多い。

Dr. Bono から

遺伝子セットをどう選ぶかに決まりはない。dose をふるように，いろいろと試してみるべきである。

　上述の階層クラスタリングや，遺伝子の発現差などから遺伝子セットを得たら，それを上述のエンリッチメント解析に持ち込むのが，2020 年代のデータ解析では定石化しつつある。発現パターンが似ているメンバーの遺伝子間

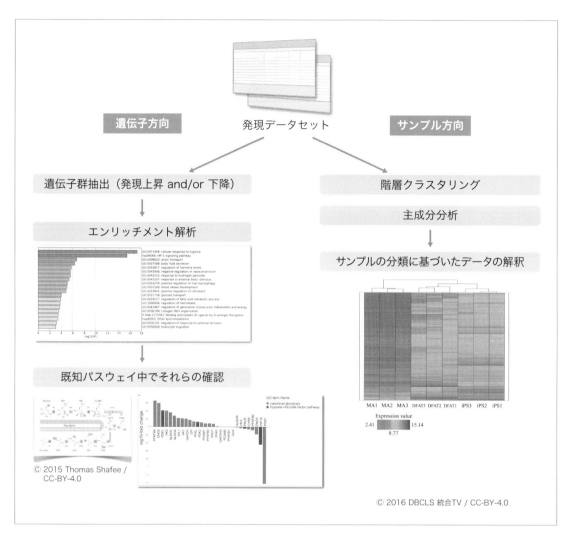

© 2015 Thomas Shafee /
CC-BY-4.0

© 2016 DBCLS 統合TV / CC-BY-4.0

**図5.11 発現データ解析の流
れ** データ解析の方向性とし
て，遺伝子方向とサンプル方向
の2通りがある。詳しくは本文
参照。

の共通項をエンリッチメント解析で見いだすのも結構だが，しっかり**データ
を見る**ことによって，それらのメンバーのうちで，これまでの遺伝子機能ア
ノテーションでは異なっているものがないかどうかを精査すべきである。も
しあったら，それがなぜ同じメンバーに入ってきたのか，それを考察するこ
とが，大発見につながる可能性を秘めている。

　R関係の本は多数出版されているが，遺伝子発現解析に特化して詳しく学
ぶには，東京大学大学院農学生命科学研究科アグリバイオインフォマティク
ス教育研究ユニットの門田幸二さんによるたいへん情報量の多いウェブサイ

ト（http://www.iu.a.u-tokyo.ac.jp/~kadota/）と，その内容が書籍化
された，門田幸二著シリーズ Useful R 第 7 巻『トランスクリプトーム解析』
（共立出版，2014）が大変参考になる。また，その内容をベースに門田さん
が中心となって 2014 年より 2017 年まで毎年行っていた **NGS ハンズオン
講習会**（https://biosciencedbc.jp/event/ngs/）の資料や，行われた
講義はすべて録画され，上記ウェブサイトから公開されている。良質かつフ
リーの教材となっているので，ぜひ活用されたい。

　なお，ここで紹介した RNA-seq データ解析手法は，すべてリファレンス
ゲノム配列にマッピングする方法を用いている。第 4 章の「転写配列のアッ
センブル」の項（p. 149）で解説した，リファレンスゲノム配列なしでリー
ドをアッセンブルすることによるデータ解析も RNA-seq と呼ばれるので，
混同しないように注意が必要である。

5.3　遺伝子バリアント解析

　かつては遺伝子バリアント解析というと，特定の遺伝子に対して深く調べ
ること〔一塩基多型（Single Nucleotide Polymorphism：SNP）のタイピ
ング〕が一般的だった。やがて，次世代シークエンサーの登場によって，ゲ
ノム上の変異のすべてを一度に調べることが現実のものとなった。つまり，
リファレンスゲノム配列に配列解読したリードを貼り付けていって，リファ
レンスゲノムと違っている部分を検出する，ということである。

　ゲノム配列を読むと，リファンレンスヒトゲノム配列との違いがわかる。
しかも一か所を 100 回読むほどの深さ，つまり 100×ぐらい深く読むと，ヘ
テロ接合の遺伝子型までもわかるようになる＊。ゲノムを読むことで，このよ
うにヒト個体間の違いがゲノム配列レベルでわかり，サンプルとコントロー
ルで比較することにより，遺伝性疾患の原因変異を特定できる可能性が出て
くる。

　ただし，配列解読にかかるコストという経済的な理由と，タンパク質コー
ド配列上の変異をより詳しく調べたいという要求から，エクソン部分だけを
シークエンスして，そこにある変異を検出する解析である Exome がよく行
われている。また，エクソンだけでなく，ゲノム配列全体を再解読すること

？ 何て呼んだらいいの
SNP
スニップやエスエヌピーと呼ぶ
100×
ひゃっかけと言う

？ それって何だっけ
タイピング
型判定のこと

＊
ちなみに現在用いられているリファレンスゲノムは，ハプロイド（一倍体）ゲノムの配列である

？ 何て呼んだらいいの
Exome
エクソームと呼ぶ

も行われており，これはリシークエンス（resequence）とも呼ばれる。データ解析は基本的には，そのリファレンスゲノム配列にマッピングすることになる。ここではその流れを概説し，詳細な手続きにはふれない＊。

Exome データ解析は図5.12 に示したような流れで行われる。まずは，解析する配列データをきれいにするクレンジングから始める(1)。これは具体的には，リードの品質管理（Quality Control）やリードの先端や末端といった一部をトリミングすることである。

次に，リファレンスゲノム配列へのマッピング(2)だが，遺伝子バリアント解析においては伝統的に，マッピングソフトウェアとして BWA が使われることが多い。それに対して，前項で紹介した遺伝子発現解析の RNA-seq では，Bowtie が使われることが多い（実際には Bowtie は，TopHat から呼び出されて使われている）のと対照的となっている。

マッピングされたデータから Single Nucleotide Variant（SNV）を発見する（変異をコールするという）(3)には，米国 Broad Institute で開発された Genome Analysis Toolkit（GATK）が広く使われている。GATK はこの目的で広く使われているプログラムだが，Java で実装されているため，推奨の Java のバージョンを使う必要がある。バージョンが異なると問題が出たり，最悪の場合，動かないことがあるので注意が必要だ。

そうやって発見された SNV について，タンパク質コード領域であるか，その変異によってナンセンスやミスセンス変異を起こすものであるか，その遺

📓 リシークエンスの具体的なデータ解析の手順は，『次世代シークエンサー DRY 解析教本 改訂第2版』の「0から始める疾患ゲノム解析 ver2」に詳しく載っているので，そちらを参照。

❓ 何て呼んだらいいの

BWA
ビーダブリューエーと呼ぶ
GATK
ジーエーティーケーと呼ぶ

◁ BWAは，p.145の「BWAとBowtie」参照

図5.12　**Exome データ解析の流れ**　データをきれいに整えた後，リファレンスゲノム配列へのマッピングを行い，変異をコールし，その変異がどういったところにあったかをアノテーションするという流れで進められる。

1　データのクレンジング
↓
2　リファンレスゲノム配列へのマッピング（BWA）
↓
3　変異（SNV）をコール（GATK）
↓
4　変異のアノテーション

伝子はこれまで知られている疾患の原因遺伝子であるか，などのアノテーションがなされる（4）。

　可能であれば，図5.12に示したexomeデータ解析のプロセス（図5.12の1〜4）は専門家に任せて，出てきたVCF形式のデータを解釈するところに専念したほうがいい。それだけでもやれることは山ほどある。そもそも見つかる変異は非常に多いのだが，ほとんどはイントロンにあるものだったり，アミノ酸変異が起こらない同義置換だったりするので，それらは表現型とは関係の薄いものばかりである。

　変異の候補を絞り込んだデータがVCF形式のファイルとしてあらかじめ提供されている場合には，まずはその領域をゲノムブラウザーで見ることである。もちろん，UCSCやEnsemblといった外部のゲノムブラウザーを使うという方法もあるが，VCFファイルはデータも大きく，また外部には出せないデータであることも多い。その場合には，自分のコンピュータ上で動くゲノムブラウザーのIGVを使えばよい。IGVを使って，BWAによるBAM形式のリファレンスゲノム配列へのリードのマッピング結果や，VCF形式の変異情報のファイルを読み込んで，ゲノムに張り付けた結果と見つかった変異とを直接自分のパソコン上で見ることになる。

　候補が絞り込まれていない場合には，自分でやる必要がある。候補の絞り込みを自前のパソコンを使ってGUIでやるためのツールとして，IPAの姉妹製品IVA (Ingenuity Variant Analysis) がある。VCFファイルを入力として，数多くある条件を設定する。すなわちQualityが高いものだけにしたり，公共DBにすでに登録されているようなCommon Variantに属する変異を除いたり，表現型に悪い影響を与えそうな変異を抽出したり，など多数ある。GUIで対話的に，これらの条件の閾値を変更したり，条件設定を変えたりすることにより，独自の絞り込みができる。多くの場合，変異のある対象が日本人であることを考慮して，日本人ゲノムのデータから得られた変異がよく入るゲノムの場所に関するデータを用いたフィルターも使われている。

⟹ IPAは, p.26参照

　IVAソフトウェアのライセンスは安くはないものの，解析専任の人を雇うことを考えたら安いものである。そもそも，そのような解析専任の人は，希望すれば雇えるような現状にはなく，**2020年現在，データが必要な生命科学者自身が個別にデータ解析する時代**となっている。

大規模な配列解読プロジェクトによって得られた Exome を含めたリシークエンスのデータはすでに配列情報が公開されていても使いにくい。そこで，それらのデータを集め，統合して提供することを目的としているデータベースとして The Genome Aggregation Database（gnomAD）がある（`https://gnomad.broadinstitute.org`）。また，DBCLS と NBDC によって，日本人のヒトゲノムに存在するバリアントの多様性統合 DB として TogoVar（`https://togovar.biosciencedbc.jp`）が作成，維持されている（参照）。

データ解析しても目ぼしい変異がタンパク質コード領域や非コード RNA（non-coding RNA：ncRNA）にも見つからないときには，次項のエピゲノム解析の出番となる。

？　何て呼んだらいいの
gnomAD
ノマドと呼ぶ

　統合 TV
「TogoVar でヒトゲノムに存在するバリアントに関連する情報を調べる 2019」
`https://doi.org/10.7875/togotv.2019.115`

5.4　エピゲノム解析

エピゲノムとは，DNA やヒストンへの化学修飾によって規定される遺伝情報の総体を意味する。例えば，後天的な環境要因によって遺伝子発現が制御されるようなときには，塩基配列の変化なしに，DNA やヒストンへの化学修飾によって遺伝子発現が変化するのである。エピゲノムの研究は，逆説的だが，塩基配列解読によって解明が進められており，やはりデータ解析がキーとなる。それらに関してデータ解析の概要を以下に説明する。

ChIP 解析

DNA 結合タンパク質に結合した DNA 配列を解析するクロマチン免疫沈降法（Chromatin ImmunoPrecipitation：ChIP）は，実は，2000 年以前より使われていた技術である。それが，マイクロアレイの発明により，DNA 配列断片をマイクロアレイで検出する方法と組み合わせた，ChIP-chip という手法として注目されるようになった（2000 年代前半から中ごろ）。そしてマイクロアレイのかわりに，配列解読で行う方法が開発され，ChIP-seq と呼ばれるようになったのである。

ChIP-seq では，タンパク質を認識する抗体を用い，その抗体と結合した DNA 配列を回収して，配列解読を行う。そのターゲットとなるタンパク質と

？　何て呼んだらいいの
ChIP
チップと呼ぶ
ChIP-chip
チップチップと呼ぶ
ChIP-seq
チップシークやチップセックと呼ぶ

して，大きくわけてヒストンと転写因子がある。どちらも，タンパク質に結合した DNA 配列を解読することで，ゲノム上のどの領域に結合していたかを知ることができ，さらにゲノム上のどの位置に遺伝子があるかというゲノムアノテーション情報と付き合わせることにより，直接の転写制御関係が推定できる。SRA 中には，Transcriptome Analysis と Epigenetics カテゴリに ChIP-seq による配列データが含まれている。

　また，FAIRE-seq（Formaldehyde-Assisted Isolation of Regulatory Elements-sequence）は，タンパク質と DNA をホルマリンで架橋した後に，DNA を切断し，フェノール・クロロホルムによる DNA 抽出を行い，その DNA を配列解読することにより，オープンクロマチン領域を同定するという手法であり，データ解析方法は ChIP-seq と同様である。

　ChIP-seq 解析では，MACS2（Model-based Analysis for ChIP-Seq 2）というプログラムを使って結合サイトを推定する。まず，ChIP 解析で DNA 結合タンパク質に結合した DNA 配列を，リファレンスゲノムにマッピングし，得られた BAM 形式のアラインメントファイルを MACS2 の入力とする。MACS2 で得られる結果は，BED 形式のファイルである。

　MACS2 を実行した結果得られる BED 形式のファイルにある情報から，ゲノム上のどこに結合のピークがあったかがわかる。直接的な解析方法は，その BED 形式のファイルをゲノムブラウザ上に Custom track（カスタムトラック）としてアップロードし，注目している遺伝子群の周りにピークがないかを見ることである（「5.6 統合解析」の「ゲノム上の位置による統合」の Custom track を参照）。先見的な知識がまったくない状態でデータ解析する場合には，その位置がどこ〔遺伝子の上流，内部（タンパク質コード領域か非翻訳領域か）など〕にあったかを探るため，ゲノムアノテーション情報を取捨選択して，絞り込む。ChIP-seq データ解析の際に難しいのは，どこまでを遺伝子の制御領域とするか，また「結合があった」とみなすかどうかをどこで線引きするか，である。そして，こればかりは，エンリッチメント解析の遺伝子セット選定同様，実際のデータを見て，個々に判断する必要がある。この点をいろいろな条件で検討して，制御を受けているとされた遺伝子群が抽出できたら，あとは上述の遺伝子発現データ解析と同様に，エンリッチメント解析を行ったり，遺伝子群の遺伝子発現値との比較がよく行われる。

❓ 何て呼んだらいいの
FAIRE-Seq
フェアシークや
フェアセックと呼ぶ

❓ 何て呼んだらいいの
MACS2
マックスツーと呼ぶ

📘 MACS2 を使った ChIP-seq データ解析の具体的な手順は，『次世代シークエンサー DRY 解析教本 改訂第2版』の「0から始めるエピゲノム解析（ChIP-seq）ver2」を参照

⇨ BED 形式は，p.115 の「BED 形式」参照

⇨ Custom track は，p.196 の「Custom track」参照

　また，得られた結合配列の特徴（転写因子の場合には，転写因子結合配列モチーフ）を知りたい場合には，それらの配列を抽出して多重配列アラインメントした後に，配列の特徴を WebLogo を用いて，頻出する塩基が大きく表示されるように可視化することがよく行われる（`https://weblogo.berkeley.edu/`）。「5.1 遺伝子機能データ解析」の「タンパク質モチーフ・ドメイン検索」(p. 166) の項にも出てきた位置特異的スコア行列 (PSSM) が，ここでは塩基配列に対して作成される。このようにして得られた PSSM が，JASPAR（`http://jaspar.genereg.net`）という転写因子結合サイトの DB にうまくまとめられており，再利用しやすい。

Whole Genome Bisulfite Sequencing（WGBS）解析

　ゲノム中のメチル化された領域の研究も，次世代シークエンサーによって解析が進んでいる。すなわち，DNA をバイサルファイト処理をすることで，メチル化されなかったシトシン（C）がウラシルに置換され，DNA 配列解読の際にチミン（T）として読まれることを利用して，メチル化された部分を直接の配列解読によって見いだす。これをゲノム全体にわたって行うため，この解析は Whole Genome Bisulfite Sequencing（WGBS）と呼ばれる。メチル化された部分に塩基置換が起きるので，それを Single Nucleotide Variant（SNV）として見いだし，基本的なデータ解析手法は，リシークエンスと同じになる。

具体的な WGBS データ解析手順は，『次世代シークエンサー DRY 解析教本 改訂第 2 版』の「0 から始めるエピゲノム解析（BS seq）ver2」を参照

5.5　メタゲノム解析

　次世代シークエンサーによって細菌叢の DNA 配列解読が一度に行えるようになり，ショットガン法で細菌叢の全ゲノム解析を行う方法や，16S rRNA のみを配列解読して細菌叢に存在する各種細菌の割合のみを解析する方法が開発されている。こうして得られたメタゲノムデータは，Whole genome sequence や Transcriptome analysis についで多く SRA に登録されている（p. 34 の図 2.7「DBCLS SRA による，SRA（正しくは BioProject）に登録された OrganismName（生物種名）と DataType 別統計」）。

　ヒト細菌叢メタゲノム解析でよく用いられている 16S rRNA を解析する方法は，こうだ。サンプル中の 16S rRNA 配列を次世代シークエンサーで配列

解読し，その配列が，データベース化された既知の 16S rRNA のどれにマッチするかを探しだし，サンプルごとに，それぞれの Operational Taxonomic Unit（OTU）ごとのリード数を集計するものである。OTU とは，よく似た個体同士を分類する際に使われる計算上の定義で，厳密には生物学上の「種」ではなかったりするためにこの言葉が用いられる。

メタゲノムデータ解析においては，図 5.13 に示したように，得られた配列を用いて 16S rRNA データベースに対する配列類似性検索と系統分類解析を行い，系統分類解析結果にもとづいて菌種組成を集計したグラフを作成することが多い。このような一連の解析をパイプライン化したツールがいくつか作成されており，例えば，国立遺伝学研究所 生命情報研究センター ゲノム進化研究室で作成されている VITCOMIC2（VIsualization tool for Taxonomic COmpositions of MIcrobial Community）があり，ウェブサイト（http://vitcomic.org/）から配列をアップロードして利用できるようになっている。

📓 具体的なメタゲノム解析手順は，『次世代シークエンサー DRY 解析教本 改訂第2版』の「0から始めるメタゲノム解析」を参照

図5.13 メタゲノム解析の流れ図 詳細は本文を参照。

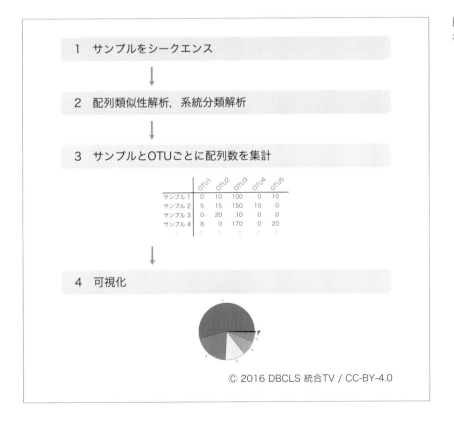

© 2016 DBCLS 統合TV / CC-BY-4.0

5.6　統合解析

　異なる DB を用いて生物学的な解釈を行いたいときには，異なる DB を統合してデータ解析をする必要がある。DB を組み合わせる際に，DB を結ぶ手段として，大きく分けて DB の ID とゲノム座標（ゲノム上の位置）という指標が重要である。その 2 つに関して，それぞれ以下に詳細を述べる。

ID による統合

図5.14　UniProtKBにおけるCross-referenceの例
ヒトのFIHという遺伝子がコードするタンパク質を例に用いている。mRNAの配列やすでに決定された立体構造のデータへのリンクなど，他のDBのIDが掲載され，リンクされているので，見たいDBでアクセスできる。https://www.uniprot.org/uniprot/Q9NWT6#cross_references より作成。

　DB の ID によるデータのリンク（紐付け）は，古くから行われてきた。DB のレコードには，他の DB のエントリへのリンクが，相手先の DB の ID とともに書かれている。例えば，UniProtKB では，DB エントリ中の Cross-reference のセクションにまとめて表記されており，各種配列 DB（Sequence databases）へのリンクに加え，立体構造 DB（3D structure databases）やそれ以外のさまざまな DB へのリンクも示されている（図 5.14）。

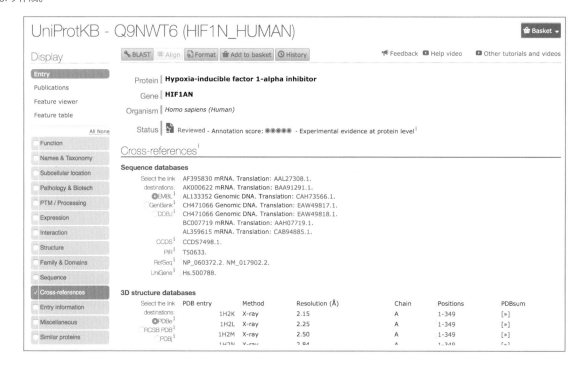

　京都大学化学研究所の GenomeNet においては，LinkDB と呼ばれるシステムが古くから維持され，DB エントリ間のリンク情報の DB 化がなされてきた（`https://www.genome.jp/linkdb/`）。すべての DB に双方向のリンクが必ず書かれているわけではなく，片方向のリンクも多数存在するため，特定のエントリに関係するリンク情報を得るときには，こういったリンク情報の DB は有用である。例えば，DBCLS SRA では，SRA のデータエントリと，そのデータが発表された論文とのリンク情報を，両方の DB から作成している。論文中には必ず SRA に登録した ID が記載されていても，SRA の配列データに関しては，論文より先に登録するので，PubMed ID（PMID）が記載されていないことがある。同様のことが NCBI GEO や EBI ArrayExpress といった DB にもあり，実は論文発表されているのに，それが DB エントリに載っていない，ということがある。もちろん，掲載されるまでのタイムラグだけのこともあるのだが，リンク情報の DB が有用となる局面もある。

➡　PubMed は，p.66 の「PubMed」参照

　個々のエントリなら人間が見てリンクをたどっていけるが，数が多くなると事実上不可能となる。そういった場合には，コンピュータの力を借りて，DB 間のリンクの対応表を作成することになる。2020 年代の今，最も広く使われている ID の実用的な変換手法は Biomart だろう[5]。2020 年 11 月現在，本家 Biomart のサーバー（`http://www.biomart.org`）が利用できなくなっているのだが，Ensembl の検索エンジンも Biomart を採用しているので，Ensembl のサイトから ID の変換が行えるので，問題なく利用できる（`https://www.ensembl.org/biomart/martview/`）。Biomart はウェブサイトが非常にシンプルで，かつ Javascript が多用された動的なサイトであるがゆえに，利用の仕方に少々癖があるので，使い方は統合 TV の動画を参照するとよい（参照）。

5) `https://doi.org/10.1093/nar/gkv350`

 統合 TV

「HGNC を使ってヒト遺伝子の正式略称（GeneSymbol）を検索する（＋ヒトとマウスの遺伝子 ID を変換する）」
`https://doi.org/10.7875/togotv.2019.096`

　ID の対応表ができてもうまく ID がリンクしない，ということがある。ID が同じであっても，ID にバージョン情報が付いていることがある。第 3 章で説明した INSD 以外のデータベースでも，ID＋（. 数字）という形で ID にバージョンがつけられている。例えば，Ensembl の transcript の ID もそうなっており，ヒト EPAS1 の transcript の 1 つは，本書執筆時点で，**ENST00000263734.5** となっている。その ID が，手元のリストの ID とバージョンが一致していないということが生じるのである。バージョン情報付きの ID は，バージョン情報の部分を除いて使うということをするとよい。具体的には，以下のようにする。

```
% perl -i~ -pe 's/\.\d+//' hoge.txt
```

こうすると '.数字' という部分が削除され，**hoge.txt** にはバージョン番号な
しの ID のリストが出力される（例：**ENST00000263734.5** だったのが，
ENST00000263734 に変換される）。元のファイルは **hoge.txt~** というファ
イル名に名前が書き換えられて，バックアップされる。このように ID が変換さ

1　BLASTの結果

B. mori	H. sapiens	E-value	Description
Ka00003	ENST00000373371	5e-16	solute carrier family 2
Ka00005	ENST00000394878	2e-21	ribosomal protein, large P0
Ka00006	ENST00000277541	2e-12	notch 1
……	……	……	

2　Ensembl BiomartによるID変換表

Ensembl Transcript ID	UniProt ID	Accession
ENST00000373371	GTR8_HUMAN	Q9NY64
ENST00000394878		
ENST00000277541	NOTC1_HUMAN	P46531
……	……	……

3　BLASTの結果とID変換表を結合

B. mori	H. sapiens	UniProt ID	Accession	E-value	Description
Ka00003	ENST00000373371	GTR8_HUMAN	Q9NY64	5e-16	solute carrier family 2
Ka00005	ENST00000394878			2e-21	ribosomal protein, large P0
Ka00006	ENST00000277541	NOTC1_HUMAN	P46531	2e-12	notch 1
……	……	……	……	……	

図5.15　データセットの結合の例　カイコ遺伝子をクエリ，ヒト遺伝子 (transcript) をDBとして，BLASTした結果のファ
イルと，Ensembl Biomartより得たtranscriptとそれに対応するUniProtIDの変換表をEnsembl Transcript IDで結合した
(https://doi.org/10.5582/ddt.2016.01011)。もっているデータセットによってバージョン番号は異なる可能性があり，
そういったバージョン番号込みのIDは，データ解析用にバージョン情報を「削ぎ落として」あるのがポイント。

れてあれば，図 5.15 に示したような ID による結合（join）が可能となり，自ら作成したセットと他のデータセットの統合的な解析が実現できるようになる。

ID セットの比較

図 5.15 で示したように DB のエントリを ID で結合できたら，いよいよ ID のセット群を比較することになる。**cut** コマンドで必要な ID を抜き出し，1 行ごとに ID だけが書かれているファイルを作成して，UNIX コマンドで比較する場合は以下のようにする。

```
% cat id1.txt id2.txt | sort > join.txt
% cat id1.txt id2.txt | sort -u | uniq.txt
% diff join.txt uniq.txt | less
```

2 つのセットの比較ならまだしも，3 つ以上となってくると作業も煩雑になる。そういった解析には，ベン図（Venn Diagram）を描いてくれるウェブツール，Draw Venn Diagram（http://bioinformatics.psb.ugent.be/webtools/Venn/）が有効である。差分の ID 一覧も表示してくれ，出力するファイルの形式も PNG 以外に SVG もあり，秀逸である。

ID による結合の実例

ChIP-seq のデータは基本的にゲノム上の座標のデータとなっており，そのままでは解釈できないので，次節で説明する「ゲノム上の位置による統合」によってデータを統合する必要がある。しかし，DBCLS/NBDC によるデータ統合化のおかげで維持されている ChIP-Atlas（https://chip-atlas.org）からは，各遺伝子ごとに平均値を計算した ChIP-seq データ用いることができ，ID によるデータ結合が可能となる。すなわち，遺伝子名（Gene symbol）を ID として，他のデータと結合することができる。例えば，低酸素刺激を与える前後での発現変化を公共 DB から集めてメタ解析した研究（https://doi.org/10.3390/biomedicines8010010）において，各遺伝子の発現変化指標と ChIP-Atlas より入手した HIF1A の ChIP-seq データを結合することで，HIF1A 依存的な遺伝子群とそうでない遺伝子群を見いだすことが可能となった（図 5.16）。

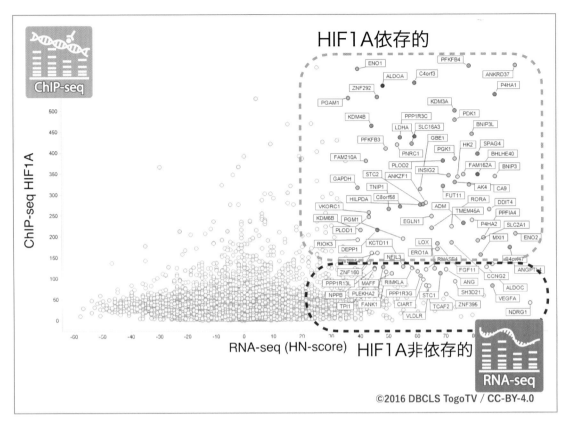

図5.16　低酸素刺激前後での発現変化とHIF1AのChIP-seqデータの遺伝子名による統合　横軸は低酸素刺激を与えた際に遺伝子発現が変化した指標で，右に行くほど発現上昇したデータの数が多かったことを示している。縦軸は，ID（遺伝子名）で対応づけたHIF1Aの抗体を使ったときのChIP-seqのスコアである。発現上昇がみられた遺伝子であってもChIP-seqのスコアが高い遺伝子群（HIF1A依存的な発現上昇遺伝子群）と低いもの（HIF1A非依存的な発現上昇遺伝子群）があることが見て取れる（https://doi.org/10.3390/biomedicines8010010 のFigure3(A)より）。

ゲノム上の位置による統合

　リファレンスゲノムの出現により，ゲノム上の位置によるデータ統合が可能となった。それを実現しているのが，ゲノムブラウザーである。ゲノムブラウザー上にカスタマイズされたデータを track として表示する手段として Track hubs と Custom track を紹介する。

Track hubs

　最初から Track として準備されているデータ以外でも，ゲノムブラウザー上に表示することができる。その仕組みとして Track hubs（Track Data Hubs とも呼ぶ）というものがある。これは UCSC，Ensembl 両方のゲノムブラウザーで利用可能で，Track hub registry に登録されたデータをゲノムブラウザーの Track として追加できる仕組みである。

Track Data Hubs

Track data hubs are collections of external tracks that can be imported into the UCSC Genome Browser. Hub tracks show up under the hub's own blue label bar on the main browser page, as well as on the configure page. For more information, see the User's Guide.To import a public hub click its "Connect" button below.

NOTE: Because Track Hubs are created and maintained by external sources, UCSC is not responsible for their content.

Public Hubs | My Hubs

Enter search terms to find in public track hub description pages:

[Search Public Hubs]

Clicking Connect redirects to the gateway page of the selected hub's default assembly.

Display	Hub Name	Description	Assemblies
Disconnect	FANTOM5	RIKEN FANTOM5 Phase1 and Phase2 data	[+] hg38, mm10, hg19, mm9, canFam3, rn6...
Connect	Roadmap Epigenomics Integrative Analysis Hub	Roadmap Epigenomics Integrative Analysis Hub at Washington University in St. Louis	hg19
Connect	DNA Methylation	Hundreds of analyzed methylomes from bisulfite sequencing data	[+] hg38, hg19, hg18, mm9, mm10, panTro2...
Connect	rfam12_ncRNA	Rfam 12.0 non-coding RNA annotation	[+] hg38, mm10, ce10, galGal4, ci2, danRer7...
Connect	DASHR small ncRNA	DASHR Human non-coding RNA annotation	hg19
Connect	ENCODE Analysis Hub	ENCODE Integrative Analysis Data Hub	hg19
Connect	miRcode microRNA sites	Predicted microRNA target sites in GENCODE transcripts	hg19
Connect	Roadmap Epigenomics Data Complete Collection at Wash U VizHub	Roadmap Epigenomics Human Epigenome Atlas Data Complete Collection, VizHub at Washington University in St. Louis	hg19
Connect	UMassMed ZHub	UMassMed H3K4me3 ChIP-seq data for Autistic brains	hg19

図5.17 Track hub追加画面(UCSC) この画面で'Connect'を押すと、そのTrack hubが追加されるが、表示したいゲノムのバージョンに対して利用可能か、Assembliesのカラムで確認する必要がある。'Connect'されると図のFANTOM5のように、'Disconnect'ボタンに変化し、もう一度押すと追加が解除される仕組みになっている。

▶ 統合TV

「UCSC Track Hubs を使って大規模な公共データをゲノムブラウザで閲覧する」
https://togotv.dbcls.jp/20191117.html

　UCSC では、上述の 'track search', 'default tracks' ボタンの並びの中に、'track hubs' ボタンがある。また、上部メニューの 'My Data' → 'Track Hubs' の操作でも、設定画面にアクセス可能である（図5.17）。また Ensembl では、'Custom tracks', 'Track Hub Registry Search' から track の追加が可能である（▶参照）。

　Track hubs はその Track の管理が、ゲノムブラウザーのサイトではなく外部にあるため、転送量が多かったり、その提供サイトまでのインターネット接続次第では表示が遅くなったりすることもある。

　以前は Distributed Annotation System（DAS）という仕組みがあり、ゲノムブラウザーに Track を表示する機能として使われていたのだが、2020年現在はこの Track hubs がその互換機能となっている。例えば、FANTOM5 で作成された大量の転写因子開始点の CAGE（Cap Analysis of Gene Expression）のマッピングデータなどは、デフォルトでは UCSC にないが、Track hub として追加するとそれが見られるようになる。また、Track hubs へは、Track hub registry（https://trackhubregistry.org）に登録すれば検索できるようになる。

Custom track

　上述の Track hubs に登録しなくても，個人的にゲノムブラウザー上に表示したい情報などがある場合に追加できるのが，Custom track である。UCSC の場合，'add custom tracks' ボタンからその設定画面に入ることができる（図 5.18）。例えば，ChIP-seq 解析の結果得られた，すでに計算済みの転写因子結合サイトなどの情報などだ。そうした情報は，論文の Supplemental data として，あるいは NCBI GEO や EBI ArrayExpress のサイトからダウンロードしてくることができる。

　UCSC で表示する際に問題となるのは，表示したいゲノムとそのデータのマッピング時に使われたリファレンスゲノムのバージョンとを合わせなければならないことだ。すなわち，リファレンスゲノムのバージョンに注意する必要がある。基本的には見るゲノムのバージョンを変えて，データを見ればよいのだが，さまざまな事情で特定のバージョンのリファレンスゲノムを使わないといけない場合がある。その場合には，Liftover といって「ゲノムの座標変換」をする必要が生じてくる。そのためのツールも開発され，公開されている（https://genome.ucsc.edu/cgi-bin/hgLiftOver）。

　上述のような転写因子結合サイトの情報の場合は，BED 形式のファイル以外にも，WIG 形式といってゲノム上の特定の位置に対してヒストグラムを描

Liftover（リフトオーバー）の詳細については，『生命科学者のためのDr. Bonoデータ解析実践道場』p.96参照

WIG形式は，p.116の「WIG形式」参照

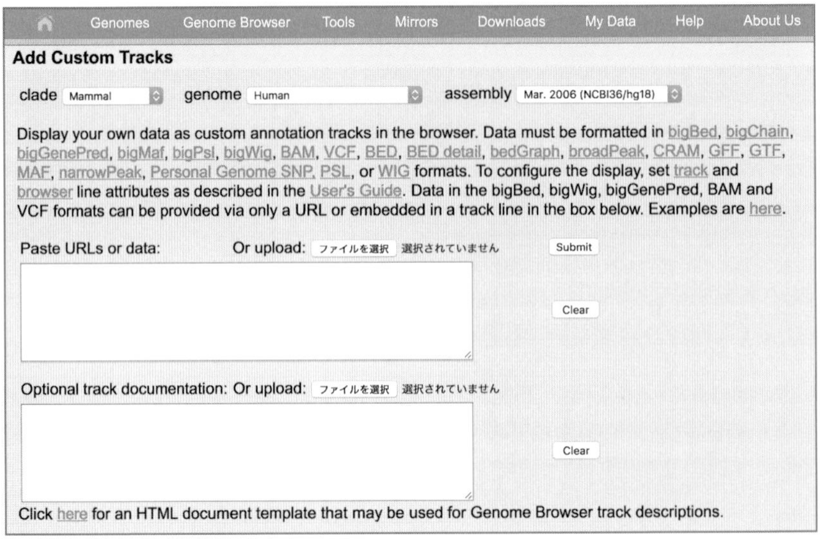

図5.18　**Custom track**を**追加する画面**　Custom track はデータをアップロードするほか，データのある場所のURL指定やフォームの中にデータを記述するなどの方法で指定できる。実に多彩な種類のフォーマットに対応しており，Custom trackにアップロードするためにデータ変換しないといけないといったことは，現在ではまず起こらない。

くようなファイルの場合でも，この custom track として表示できる（参照）。図 5.18 にあるとおり，UCSC は実に多様なフォーマットに対応している（第 3 章参照）。それらの形式で自らのデータを表現できれば（従来であれば自ら可視化手段を開発しないといけなかったのが），それらが UCSC 上で可視化できる，ということである。こういったすでに提供されている機能をうまく活用して，自らのデータの活用に役立てていただきたい。

ゲノムブラウザーを使い込んでいくと，ただ表示するだけでなくて，「転写開始点の上流 1 kb にその track が入っているもの」など，ゲノム上の位置による演算をしたくなってくる。もちろん，それ専用のプログラムを書いて

統合 TV

「UCSC Genome Browser の使い方〜 wig 形式のファイルをトラックとして追加する〜」
https://doi.org/10.7875/togotv.2012.001

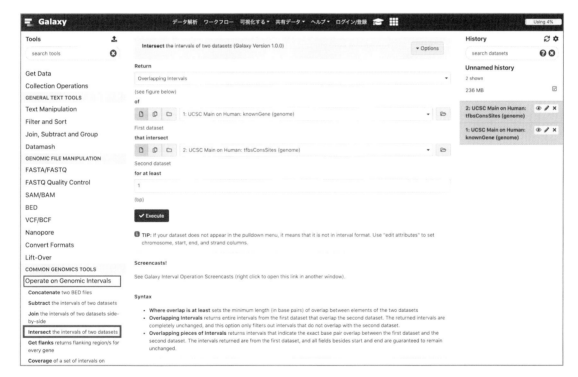

図5.19　Galaxyによるゲノム上の位置の演算　作成した2つのデータセット（例えば，既知遺伝子の上流200塩基の領域と転写因子p53の予測結合領域）をGalaxy 中の Tools である'Operate on Genomic Intervals 'の'Intersect the intervals of two queries'を用いて，ゲノム座標レベルで比較することがGUI上で可能である。現在，DBCLS Galaxy は利用できないが，本家のGalaxy（https://usegalaxy.org/）を利用して実行することができる。
「DBCLS Galaxyを使って遺伝子の上流配列に存在する転写因子の予測結合領域を調べる」https://doi.org/10.7875/togotv.2013.053参照

このGalaxyを使ってデータ
解析ワークフローを共有し
ようという有志団体が日本
にもあり，毎月のミートアッ
プなど，活発に活動してい
る（ h t t p s : / / w w w .
pitagora-galaxy.org/）。

また逆に，生命科学の知識
が邪魔して新規の発見の可
能性を排除してしまう恐れ
もあり，難しいところであ
る。

CUI で実現することも可能だが，Galaxy＊という，オープンソースのデータ
を多用する生命科学研究向けのウェブベースのプラットフォーム（`https://
usegalaxy.org/`）を使うことで，GUI でゲノム上の位置の演算が実現可能
である（図 5.19）。

　得られたデータセットは UCSC Genome Browser にインポートするなど
して，きちんとした結果が得られているかを確認する必要がある。それは**出
てきた結果が正しいかどうかを見極めるのは依然として研究者の仕事であり，
データの中身がわからないと，いいデータ解析はできない**ということであ
る＊。

索引

欧文，和文の順に収載。fは図，tは表，cはコラム，sはサイドコラムを表す。

著者紹介

Dr. Bono こと，坊農秀雅（Dr. Hidemasa Bono）

広島大学大学院統合生命科学研究科
ゲノム情報科学研究室（bonohulab）特任教授
京都大学博士（理学）

2020年4月，広島大学ゲノム編集先端人材育成プログラム（卓越大学院プログラム）において，バイオインフォマティクスを教える特任教員に着任。これまでは，公共データベースを作成・維持し普及する立場だったが，その使い方を教えながら自らも使い倒す側になった。

広島大学では，自らが研究室主宰者（PI）としてゲノム情報科学研究室（bonohulab）を立ち上げた。ゲノム編集は，遺伝子機能解析のツールとして広く使われるようになってきている。当研究室では，ゲノム編集で必要とされるデータ解析基盤技術を開発するとともに，バイオインフォマティクス手法を駆使した遺伝子機能解析を行っている。また，産官学連携の「共創の場」となるべく、有用物質生産生物のゲノム編集に必須なゲノム解読やトランスクリプトーム測定が可能なウェットラボもセットアップし，アカデミアの共同研究者たちに加えて，ゲノム編集を利用していきたい企業との共同研究も広く手がけようとしている。

© 2017 DBCLS 統合 TV / CC-BY-4.0

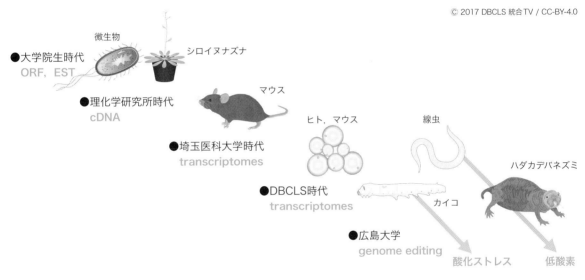

1995年	東京大学教養学部基礎科学科　卒業
2000年	京都大学大学院理学研究科生物科学専攻博士後期課程 単位取得退学後，博士（理学）
2000年	理化学研究所 横浜研究所 ゲノム科学総合研究センター 遺伝子構造・機能研究グループ 基礎科学特別研究員
2003年	埼玉医科大学 ゲノム医学研究センター 助手。講師，助教授をへて，准教授
2007年	情報・システム研究機構 ライフサイエンス統合データベースセンター（DBCLS）特任准教授
2020年	現職

DBCLSに joinするまでのキャリアパスは ▶ 統合 TV も参照。
　「生命科学分野のデータベースを統合する仕事：落ちこぼれ大学生が .DB（Doctor of the database）にいたるまで」
　https://doi.org/10.7875/togotv.2010.007

なお，本書の正誤表は，以下のURLから公開されている。
https://www.medsi.co.jp

twitterで #drbonobon ハッシュタグをつけて呟くと，Dr. Bonoからの返信があるかもよ。

Dr. Bonoの生命科学データ解析 第2版

定価：本体3,000円＋税

2017 年 9 月 29 日発行　第 1 版第 1 刷
2021 年 3 月 10 日発行　第 2 版第 1 刷 ©

著　者　坊農　秀雅
　　　　（ぼうのう）（ひでまさ）

発行者　株式会社　メディカル・サイエンス・インターナショナル

　　　　代表取締役　金子　浩平
　　　　東京都文京区本郷 1-28-36
　　　　郵便番号 113-0033　電話 (03)5804-6050

　　　　印刷：日本制作センター
　　　　装丁・イラスト：ソルティフロッグ デザインスタジオ
　　　　　　　　　　　　（サトウヒロシ）

ISBN 978-4-8157-3011-6　C3047

本書の複製権・翻訳権・上映権・譲渡権・貸与権・公衆送信権(送信可能化権
を含む) は (株)メディカル・サイエンス・インターナショナルが保有します。
本書を無断で複製する行為(複写，スキャン，デジタルデータ化など)は，「私
的使用のための複製」など著作権法上の限られた例外を除き禁じられていま
す。大学，病院，診療所，企業などにおいて，業務上使用する目的(診療，研
究活動を含む)で上記の行為を行うことは，その使用範囲が内部的であっても，
私的使用には該当せず，違法です。また私的使用に該当する場合であっても，
代行業者等の第三者に依頼して上記の行為を行うことは違法となります。

JCOPY 〈出版者著作権管理機構 委託出版物〉
本書の無断複製は著作権法上での例外を除き禁じられています。
複製される場合は，そのつど事前に，出版者著作権管理機構
(電話 03-5244-5088，FAX 03-5244-5089，info@jcopy.or.jp)
の許諾を得てください。